产品碳足迹核算与评价

主　编　张　乐　刘焰真

副主编　乔　绚　张译文　郑君仪　刘　华

参　编　吴　怡　陆俞辰　刘　凯　张斌亮

　　　　李昱璇　贾月芹　成贝贝　任宏伟

　　　　车显荣　李魏宏　王语宸　张子晗

机 械 工 业 出 版 社

本书从碳排放的基本概念出发，详细阐述了产品碳足迹的评价方法、国际标准、生命周期评价技术，以及碳足迹数据库和软件工具的应用。本书通过丰富的案例分析指导读者如何对产品全生命周期内的碳排放进行量化分析，编制符合国际标准的碳足迹报告，从而帮助企业和组织提高碳排放管理的透明度和可信度，促进绿色低碳发展。

本书适合作为高等教育机构环境科学、能源管理、工程管理等相关专业的教学参考书，也适用于企业碳排放管理人员、环境咨询顾问、政府环保部门工作人员等专业人士的培训和自学。通过本书的学习，读者能够掌握碳排放核算的核心技能，为推动社会经济的可持续发展做出积极贡献。

图书在版编目（CIP）数据

产品碳足迹核算与评价 / 张乐，刘焰真主编 .

北京 ： 机械工业出版社，2024. 12. -- ISBN 978-7-111-77511-9

Ⅰ．X511

中国国家版本馆 CIP 数据核字第 2025N7F890 号

机械工业出版社（北京市百万庄大街 22 号　邮政编码 100037）

策划编辑：赵志鹏　　　　　责任编辑：赵志鹏
责任校对：贾海霞　李　婷　　封面设计：马精明
责任印制：刘　媛
北京中科印刷有限公司印刷
2025 年 2 月第 1 版第 1 次印刷
184mm×260mm・9 印张・175 千字
标准书号：ISBN 978-7-111-77511-9
定价：35.00 元

电话服务　　　　　　　　　　网络服务
客服电话：010-88361066　　机 工 官 网：www.cmpbook.com
　　　　　010-88379833　　机 工 官 博：weibo.com/cmp1952
　　　　　010-68326294　　金 书 网：www.golden-book.com
封底无防伪标均为盗版　　机工教育服务网：www.cmpedu.com

前言

在 21 世纪的今天，全球气候变化已成为人类社会面临的最严峻挑战之一。随着工业化和城市化的快速发展，温室气体排放量持续增加，对生态环境和人类社会的可持续发展构成了严重威胁。面对这一全球性问题，国际社会已经达成共识，采取行动减少碳排放，实现绿色低碳发展已成为各国的共同责任。

中国作为世界上最大的发展中国家，正处于经济转型和可持续发展的关键时期。中国政府高度重视气候变化问题，提出了"2030 年前达到碳排放峰值，2060 年前实现碳中和"的宏伟目标。这一目标的实现，不仅需要国家层面的宏观政策支持，更需要社会各界特别是企业的积极参与和实践。企业作为经济活动的主要参与者，其碳排放的管理和控制对于实现国家碳排放目标具有重要意义。

《产品碳足迹核算与评价》这本书正是在这样的大背景下应运而生的。它不仅是一本专业书籍，更是一本实践指南，旨在帮助企业和相关组织深入理解和掌握产品层级碳排放核算的方法和技能，提高碳排放管理的科学性和有效性。通过本书的学习，读者能够全面了解碳排放核算的基本概念、原则和方法，掌握国际通行的碳排放核算标准和流程，熟悉生命周期评价（Life Cycle Assessment，LCA）的应用，以及如何利用现代信息技术手段进行碳足迹的量化分析和报告。

本书编写团队汇集了各领域的专家学者，他们运用深厚的理论知识和丰富的实践经验，为本书内容提供了坚实的专业支撑。在编写过程中，团队坚持理论与实践相结合的原则，致力于使本书内容既具有学术研究的深度，又具备实际操作的广度。此外，本书特别强调案例教学的重要性，通过深入分析不同行业和产品的碳排放核算实例，旨在帮助读者更有效地理解和掌握相关知识。

本书由张乐、刘焰真任主编，乔绚、张译文、郑君仪、刘华任副主编。参与编写的有吴怡、陆俞辰、刘凯、张斌亮、李昱璇、贾月芹、成贝贝、任宏伟、车显荣、李魏宏、王语宸和张子晗。其中，张乐、乔绚、吴怡、陆俞辰和刘凯编写项目1，刘焰真、郑君仪、张斌亮、李昱璇、贾月芹和刘华编写项目2，乔绚、成贝贝、任宏伟和车显荣编写项目3，张译文、李魏宏、王语宸和张子晗编写项目4。全书由张乐统稿。

本书的编写是一份充满挑战和责任的工作。尽管团队成员已竭尽全力追求完美，但受限于能力和资源，书中可能仍存在有待改进之处。因此，团队热切期望读者提出宝贵的意见和建议，以便不断优化本书内容，共同推进我国在碳排放核算与报告领域的进步。

感谢北京中创碳投科技有限公司、广州绿石碳科技股份有限公司、方圆标志认证集团有限公司、广东省节能工程技术创新促进会、广东省广业检验检测集团有限公司、广东省清洁生产协会对本书出版的大力支持！

对所有为本书的编写提供帮助的专家表示衷心的感谢，他们的辛勤工作和无私奉献是本书得以完成的关键。同时，对广大读者的关注和支持表示感激。愿我们共同努力，为实现碳达峰和碳中和的目标，为维护我们共同的地球家园做出积极贡献。

编　者

二维码索引

目 录

项目 1

理清产品碳足迹核算工作程序

任务 1.1　产品碳足迹基础知识

1.1.1　任务描述

作为全球温室气体排放量较大的经济体之一，我国向国际社会做出"2030 年前碳达峰、2060 年前碳中和"的郑重承诺，这一目标最终将落实至每个企业。企业 A 计划对其生产的抛釉大理石陶瓷砖产品进行碳足迹评价，并通过碳标签对产品的碳足迹进行标识，以提升其社会形象及国际竞争力。

请根据任务描述，回答以下问题：

1）什么是产品碳足迹？

2）产品碳足迹评价的国际标准有哪些？

3）产品碳足迹评价的生命周期单元过程数据库有哪些？

4）产品碳足迹和产品碳标签之间有什么关系？

1.1.2　知识准备

一、碳足迹的概念与分类

碳足迹起源于 20 世纪 90 年代初哥伦比亚大学里斯教授（William E.Rees）和世界著名生态学家马蒂斯·瓦克纳格尔（Mathis Wackernagel）提出并完善的"生态足迹"，主要以 CO_2 排放当量表示人类生产消费活动导致的温室气体排放量。

根据核算对象不同，碳足迹可以分为区域碳足迹、组织碳足迹、活动碳足迹、产品碳足迹等。

区域碳足迹是指国家、部门或者区域层级的温室气体排放情况，国际上通常采用联合国政府间气候变化专门委员会（Intergovernmental Panel on Climate Change，IPCC）发布的《IPCC 国家温室气体清单指南》，从能源、工业过程和产品使用、农业、林业和其他土地利用、废弃物及其他这六大部分进行温室气体排放和消除的核算。

组织碳足迹是指组织、企业活动带来的温室气体排放，核算方法包括世界资源研究所（World Resources Institute）和世界可持续发展工商理事会（World Business Council for Sustainable Development）发布的《温室气体核算体系：企业核算与报告标准》，国际标准化组织制定的 ISO 14064 标准系列等。

活动碳足迹是指具体演出、赛事、会议、论坛、展览、日常生活等引起的温室气体排放，可以通过我国生态环境部发布的《大型活动碳中和实施指南（试行）》提供的方法进行计算。

产品碳足迹是指产品在生命周期内产生的温室气体排放量。根据英国标准协会发布的《商品和服务在生命周期内的温室气体排放评价规范》（PAS 2050：2011），商品和服务在生命周期内的温室气体排放是指在其建立、改进、运输、储存、使用、供应、再利用或处置等过程中产生的排放。

二、产品碳足迹的核算基础

1. 生命周期评价

产品碳足迹评价标准和方法大多基于生命周期评价（Life Cycle Assessment，LCA）。生命周期评价是一种用于综合评估产品在其整个生命周期中投入、产出和潜在环境影响的方法。生命周期指产品从原材料的获取到最终处置的整个过程，包括原材料获取、生产、使用、维护、废弃处理等多个环节。碳足迹评价可以看作是生命周期评价的一个子集，即对生命周期评价的所有排放物中具有全球变暖潜能的那几种温室气体排放量的评价。《环境管理　生命周期评价　原则与框架》（ISO 14040：2006）、《环境管理　生命周期评价　要求与指南》（ISO 14044：2006）是产品碳足迹量化中最常用的基础方法学标准，规定了生命周期评价的目的、范围、清单分析、影响评价、结果解释和报告等相关要求。

2. 产品种类规则

对产品碳足迹进行生命周期评价时，应遵守产品种类规则。产品种类规则是对一个或多个产品种类进行产品碳足迹评价所必须满足的一套具体的规则、要求和指南，用于确保产品碳足迹评价报告信息的客观性、一致性和可比性。产品种类规则包括对产品的功能单位、系统边界、删减原则、分配原则、计算规则、数据收集要求和数据质量要求等进行规定，来确保每一个产品种类在生命周期评价计算要求和规则、数据收集方法、声明公布内容等方面保持一致。

产品碳足迹种类规则可参考国内外产品生命周期评价规范、产品碳足迹评价标准、国内绿色设计产品评价技术规范等。具体来看，产品种类规则遵循的要求包括：

1）若存在相关的产品种类规则，则应予以采用。

2）当满足《环境标志和声明　Ⅲ型环境标志　原则和程序》（ISO 14025：2006）和《温室气体　产品碳足迹　量化要求和指南》（ISO 14067：2018）、产品碳足迹评价通则、生命周期评价等相关领域的产品层级温室气体核算、评价标准，可认为该产品种类规则是相关的，并以此为依据开展产品碳足迹评价。

3）如果有超过一套相关的产品种类规则，则考虑区域性和适用性等情况，选择符合的相关产品种类规则并做出解释说明。

4）当不存在相关的产品种类规则时，可自行按照 ISO 14067：2018、国际认可的其他与具体材料或产品种类相关的文件要求／指南进行核算。

三、产品碳足迹的核算标准

1. 国际标准

当前国际上最具有代表性的通用产品碳足迹评价标准包括《商品和服务在生命周期内的温室气体排放评价

PAS 2050：2011 介绍 1　　PAS 2050：2011 介绍 2　　PAS 2050：2011 介绍 3

规范》（PAS 2050：2011）、《温室气体核算体系：产品寿命周期核算与报告标准》（GHG Protocol）、《温室气体　产品碳足迹　量化要求和指南》（ISO 14067：2018）等。

PAS 2050：2011 由英国标准协会于 2011 年基于国际标准化组织发布的《环境管理　生命周期评价　原则与框架》（ISO 14040：2006）、《环境管理　生命周期评价　要求与指南》（ISO 14044：2006）所制定，它提出了评估产品整个生命周期温室气体排放量的方法，主要内容包括温室气体排放和清除的范围、纳入温室气体排放和清除的时间段、全球变暖潜力、产品中的碳储存、土地利用变化的纳入和处理、碳抵消等。PAS 2050：2011 服务对象偏向于商业认证，该规范核算方法相对具体细致，具有良好的实用性。

GHG Protocol 由世界资源研究所和世界可持续发展工商理事会于 2011 年联合发布，其内容包括产品温室气体清单商业目标的确定、生命周期温室气体核算的报告原则和基本要素、产品碳排放评价的流程等，满足了企业对产品进行标准化温室气体管理的需求。GHG Protocol 的计算方法相对开放灵活，企业可以根据商业目标较为自由地选取核算过程和排放源。

ISO 14067：2018 是国际标准化组织于 2018 年在《温室气体　产品的碳排放量　量化和交流的要求和指南》（ISO/TS 14067：2013）基础上修订发布的。该标准主要包括原材料获取、生产、使用和回收处置阶段的产品碳足迹（气候变暖单一环境影响）量化方法、目的与范围、清单分析、影响评价、结果解释、报告编写、鉴定性评审以及产品碳足迹的比较，确定企业多种产品碳足迹的系统方法等。ISO 14067：2018 增加了特殊过程碳排放核算的相关指导，但在延迟排放等多个方面缺乏定量的参数规定和明确的方法参考。

为了帮助各行业更好地了解和管理其具体产品的碳足迹，国际组织还陆续发布了《纺织产品整个生命周期内温室气体（GHG）排放评价规范》（PAS 2395：2014）、《海产品碳足迹 鳍鱼类产品分类规则（CFP-PCR）》（ISO 22948：2020）和《图形技术 计算电子媒体产品的碳足迹的量化和通信》（ISO 20294：2018）等标准。这些标准提供了针对特定种类产品的碳足迹详细评估方法，可帮助企业和组织更准确地评估其产品在整个生命周期中的碳排放情况，从而采取相应措施减少碳足迹。

2. 国内标准

我国已等同转化《环境管理 生命周期评价 原则与框架》（ISO 14040：2006）、《环境管理 生命周期评价 要求与指南》（ISO 14044：2006）、《环境标志和声明 Ⅲ型环境声明 原则和程序》（ISO 14025：2006）为《环境管理 生命周期评价 原则与框架》（GB/T 24040—2008）、《环境管理 生命周期评价 要求与指南》（GB/T 24044—2008）和《环境标志和声明 Ⅲ型环境声明 原则和程序》（GB/T 24025—2009），还制定了《金属复合装饰板材生产生命周期评价技术规范（产品种类规则）》（GB/T 29156—2012）、《浮法玻璃生产生命周期评价技术规范（产品种类规则）》（GB/T 29157—2012）、《钢铁产品制造生命周期评价技术规范（产品种类规则）》（GB/T 30052—2013）和《塑料 生物基塑料的碳足迹和环境足迹 第 1 部分：通则》（GB/T 41638.1—2022）等具体产品种类规则标准。此外，《温室气体 产品碳足迹 量化要求和指南》（GB/T 24067—2024）现已正式发布。这些国家标准的制定为产品碳足迹声明提供了技术参考。

同时，工业和信息化部发布了针对液晶显示器、液晶电视机、台式微型计算机、便携式计算机、移动通信手持机、以太网交换机等产品的碳足迹行业标准。北京、上海、广东、深圳等地结合自身产业结构特点，出台了地方产品碳足迹核算通则及畜牧产品、农产品、电子信息产品、家用电器等多个产品种类碳足迹地方标准。中国电器工业协会、中国电子节能技术协会、中国国际经济技术合作促进会、中国民营科技实业家协会、中国工业节能与清洁生产协会等众多社会团体也发布了相关行业产品的碳足迹团体标准。

四、产品碳足迹核算方法

基于生命周期评价方法，碳足迹的计算方法主要分为投入产出法和过程分析方法。投入产出法是"自上而下"计算碳足迹的一种方法，通过投入产出表将部门间的经济价值关系转换为碳流通关系。投入产出法使用的数据通常为国家层面各个部门（采矿、运输、产品制造、销售等）的平均数据。该方法数据收集简单，但在计算具体产品碳足迹时存在较大误差，主要用于城市或国家层面的碳足迹计算。过程分析方法是"自下而上"计算碳足迹的一种方法。该方法从产品端向源头追溯，连接与产品相关的各个单元过程（包括资源、能源的开采与生产、运输、产品制造等），建立完整的生命周期流程图，再收集流程图中各过程单元的温室气体排放数据，并进行定量的描述，最终将所有的温室气体排放统一使用 CO_2 当量表征。产品碳足迹评价主要采用过程分析方法。

五、碳足迹数据库

为方便产品碳足迹的核算，基于生命周期评价方法形成了生命周期单元过程数据库。生命周期单元过程数据库集合了众多产品生产过程中一个个最小的单元过程，每个单元过程记录了该过程中的物质、能源投入，以及投入后的物质、废物产出及温室气体排放。目前，国际上认可度较高的生命周期单元过程数据库有瑞士的 Ecoinvent 数据库、德国的 GaBi 数据库、欧盟的 ELCD 数据库等。

Ecoinvent 数据库由瑞士 Ecoinvent 中心开发，是国际公认的数据较全面和应用最广的生命周期清单（Life Cycle Inventory，LCI）数据库之一，其数据主要源于统计资料、工业行业数据以及文献资料，包含欧洲及其他国家 19000 多个单元过程数据集以及相应产品的汇总过程数据集，其中包括农业和畜牧业、建筑和建造、化工和塑料、能源、林业与木材、金属、纺织、运输、旅游住宿、废物处理与回收以及供水等工业部门。Ecoinvent 数据库适用于含进口原材料的产品或出口产品的 LCA 研究，也可用于弥补国内 LCA 数据的暂时性缺失。

GaBi 数据库是由德国的 Thinkstep 公司开发的生命周期清单数据库，提供近 17000 个流程和清单数据。GaBi 数据库拥有迄今为止全球最大的 LCI 数据，行业覆盖范围包括农业、建筑与施工、化学品和材料、消费品、教育、电子与信息通信技术、能源与公共事业、食品与饮料、医疗保健和生命科学、工业产品、金属和采矿、塑料、零售、服务业、纺织品等。

ELCD 数据库即欧洲参考生命周期数据库，由欧洲委员会联合研究中心联合欧洲各行业协会提供，是欧盟环境总署和成员国政府机构指定的基础数据库之一。ELCD 中涵盖了欧盟 300 多种大宗能源、原材料、运输过程的汇总 LCI 数据集，包含各种常见 LCA 清单物质数据，可为在欧生产、使用、废弃产品的 LCA 研究与分析提供数据支持。

随着我国逐步建立产品碳足迹管理体系，本土碳足迹数据库建设工作也提上议程。2023 年 11 月 13 日，国家发展改革委等五部门联合印发《关于加快建立产品碳足迹管理体系的意见》，提出开展加强碳足迹背景数据库建设、推动碳足迹国际衔接与互认等重点任务，要求行业主管部门和有条件的地区、相关行业协会、企业、科研单位开展碳足迹背景数据库建设，并鼓励国际碳足迹数据库供应商按照市场化原则与中国碳足迹数据库开展合作。

目前我国本土有代表性的数据库有：四川大学和亿科环境科技有限公司共同开发的中国生命周期基础数据库（CLCD），中国城市温室气体工作组统筹、生态环境部环境规划院联合北京师范大学、中山大学等多家研究机构开发的中国产品全生命周期温室气体排放系数库（CPCD），中科院生态环境研究中心开发的中国生命周期单元过程数据库（CAS RCEES），北京工业大学开发的清单数据库，同济大学开发的中国汽车替代燃料生命周期数据库，宝钢开发的宝钢产品 LCA 数据库。其中，CLCD 是一个基于中国基础工业系统生命周期核心模型的中国本土化生命周期基础数据库，兼容了欧盟 ELCD 数据库和瑞士 Ecoinvent 数据库，涵盖中国大宗能源、原材料、运输过程的生命周期单元过程数据，支持产品碳足迹分析、生命周期评价和节能减排评价。

六、碳足迹软件工具

为了降低产品碳足迹评价难度，提高核算效率，国内外机构基于生命周期评价方法与碳足迹数据库开发了多款产品碳足迹软件工具。典型代表如下：

（1）GaBi 软件　由德国 PE International 公司开发的一款 LCA 软件，集成了自身开发的 GaBiData-Bases 数据库系统，同时兼容 ELCD 数据库、Ecoinvent 数据库等，是最早开发的 LCA 软件之一。它可以从生命周期角度建立详细的产品模型。GaBi 主要支持生命周期评价、碳足迹计算、原始材料和能量流分析、环境应用功能设计等项目。

（2）SimaPro 软件　由荷兰 Leiden 大学于 1990 年开发，是目前世界上应用较广泛的生命周期评价软件之一。SimaPro 集成了世界上先进的生命周期评价方法，主要用于农业生产、化学品使用、能源化工、交通运输、建筑材料等多个领域的碳足迹计算、产品生态设计、产品或服务的环境影响、关键性能指标的决策等。

（3）eBalance 软件　由亿科环境科技有限公司和四川大学开发，于 2010 年首次发布，是国内首个自主开发并公布的具有自主知识产权的通用型生命周期评价分析软件。相比于 SimaPro、GaBi 等非本土化 LCA 软件，eBalance 体积更小，反应更快，且具有本土化数据库的丰富性和项目可操作性。其功能包括产品 LCA 分析、产品碳足迹、产品Ⅲ型环境声明、产品生态设计、清洁生产与节能减排等。

碳标签的概述
与意义

碳标签制度的
发展历程

七、产品碳标签

碳标签作为一种环境标识，把商品在全生命周期中所排放的温室气体排放量，在产品标签上用量化的指数标示出来，以标签的形式告知消费者产品的碳信息。碳标签起源于英国，随后逐步被美国、加拿大、日本、韩国、澳大利亚等国家推崇。一般政府组织及政府成立的非营利机构为碳标签的负责机构，起到了标准制定、体系建设、宣传教育等多方面的作用。

我国早在 2011 年发布的第十二个五年规划纲要中就提出"探索建立低碳产品标准、标识和认证制度，建立温室气体排放核算制度"，随后，国务院、国家发展和改革委员会等机构和部门为碳标签的发展进行多次政策铺垫。我国碳标签相关政策演进见表 1-1-1。

表 1-1-1　我国碳标签相关政策演进

发布单位	发布时间	政策名称	相关条款 / 内容
全国人民代表大会	2011 年 3 月	《中华人民共和国国民经济和社会发展第十二个五年规划纲要》	探索建立低碳产品标准、标识和认证制度，建立温室气体排放核算制度
国家发展和改革委员会与国家认证认可监督管理委员会	2013 年 2 月	《低碳产品认证管理暂行办法》	规定了低碳产品的认证事项与要求，并发布了低碳产品认证标志的式样
国家发展和改革委员会	2014 年 9 月	《国家应对气候变化规划（2014—2020 年）》	进一步控制温室气体的排放，推动制造行业产业升级，创新创造低碳产品，打造绿色低碳品牌
国务院	2016 年 12 月	《"十三五"节能减排综合工作方案》	建立绿色标识认证体系，大力推行环保产品认证，完善建筑及建材的绿色标识认证制度，积极推动能源体系的绿色认证
国务院	2019 年 2 月	《粤港澳大湾区发展规划纲要》	推广碳普惠制试点经验，推动粤港澳碳标签互认机制研究与应用示范
科技部等五部门	2022 年 9 月	《"十四五"生态环境领域科技创新专项规划》	研发固废资源化产品及原生产品的碳标签评价基准方法
市场监管总局	2022 年 8 月	《"十四五"认证认可检验检测发展规划》	规范开展碳足迹、碳标签等认证服务
国家发展和改革委员会、国家统计局、生态环境部	2022 年 8 月	《关于加快建立统一规范的碳排放统计核算体系实施方案》	明确提出在完善产品碳核算基础上，探索建立碳标签制度体系，引导消费者选择低排放产品和服务，倒逼全产业链减排

以上一系列政策的提出为加快我国碳标签工作的有序推进提供了强大的制度保障和顶层设计支持，各地区也在政策的支持下积极有序地推动碳标签工作，广东、浙江、江苏、四川等省份均已提出推进碳标签、低碳产品认证、低碳标识体系建设等工作。代表省份碳标签相关政策示例见表 1-1-2。

表 1-1-2　代表省份碳标签相关政策示例

发布省份	发布时间	政策名称	相关条款 / 内容
广东	2018 年 8 月	《加强质量认证体系建设促进全面质量管理的实施方案》	提出推广碳普惠制试点经验，推动粤港澳碳标签互认机制研究与应用示范
	2020 年 9 月	《推进粤港澳大湾区建设三年行动计划（2018—2020 年）》	推动粤港澳碳标签互认机制研究与应用示范
	2022 年 7 月	《关于完整准确全面贯彻新发展理念推进碳达峰碳中和工作的实施意见》	进一步明确推动粤港澳大湾区在绿色技术创新、绿色金融标准互认和应用、碳交易、碳标签等方面的深度合作

（续）

发布省份	发布时间	政策名称	相关条款/内容
浙江	2021年6月	《浙江省现代供应链发展"十四五"规划》	推行重点产品全生命周期绿色管理，鼓励开展碳中和资料库"碳标签"实践
	2021年5月	《浙江省生态环境保护"十四五"规划》	鼓励推广应用"碳标签"
	2021年6月	《浙江省应对气候变化"十四五"规划》	提出开展"碳标签"试点，构建"碳标签"标准体系，开展"碳标签"方法学研究
	2021年6月	《浙江省国内贸易发展"十四五"规划》	推行产品全生命周期绿色管理和碳足迹评价，开展绿色供应链建设示范，引导和推动绿色产品标准、认证、标识体系贯彻实施，探索推进产品"碳标签"制度
	2021年7月	《浙江省全球先进制造业基地建设"十四五"规划》	建立绿色产品标准、认证、标识体系，加大绿色采购支持力度。开展制造业企业出口产品碳标签认证试点
	2021年12月	《关于加快建立健全绿色低碳循环发展经济体系的实施意见》	提出在外贸企业推广"碳标签"制度，积极应对欧盟碳边境调节机制等绿色贸易规则
江苏	2021年9月	《江苏省"十四五"消费促进规划》	提出实行产品全生命周期绿色管理，鼓励开展"碳标签"认证
四川	2022年11月	《四川省碳市场能力提升行动方案》	提出探索开展电力碳足迹追踪认证机制，加快推广碳标签

2018年，中国低碳产业委员会从电器电子产品行业开始碳标签评价工作的探索，提出了一整套碳足迹认证和碳标签评价的碳标签制度的构想，碳标签制度探究探索进入高速发展阶段。

CBAM 政策起源

CBAM 信息填报

CBAM 核算

八、欧盟碳边境调节机制（CBAM）

2023年5月，欧盟（EU）2023/956碳边境调节机制法案（简称CBAM法案）正式生效。根据CBAM法案的规定，欧盟将对水泥、电力、化肥、钢铁、铝、化工（氢）这六大类进口货物的直接排放以及钢铁、铝、化工的间接排放征收碳边境调节费用（即碳关税）。

CBAM的目标是防止碳泄漏，保护欧洲企业竞争力。碳泄漏是指在欧盟的气候政策下，欧洲企业为逃避欧盟碳市场履约义务，将碳密集型生产活动转移到欧盟境外。CBAM的实施分为两个阶段，2023年10月1日至2025年12月31日为过渡期，在此期间进口商品只需要提交进口货物的碳排放数据，不征收碳关税；2026年1月1日至2034年12月31日为正式实施阶段，覆盖行业的进口商不仅每年要向欧盟报告进口货物的碳排放数据，而且要向欧盟支付相应的碳排放费用。

CBAM并不等同于碳足迹。CBAM相关产品的核算范围、核算逻辑和核算标准与产品碳足迹相比不尽相同。CBAM覆盖范围下的企业需要根据其附录中的类目和要求，确认需要核算的范围，并按CBAM规定的方法进行计算。CBAM的核算范围包括直接碳排放和隐含碳排放（部分产品）。直接碳排放指生产过程中消耗的供热和制冷生产过程中产生的排放，隐含碳排放指生产过程中消耗的电力生产释放的间接排放。产品碳足迹评价范围覆盖了产品"摇篮－坟墓"的全生命过程，依据不同地区的要求，企业强制／自愿选择产品碳足迹核算标准进行产品碳足迹评价。

1.1.3　任务实施

学习产品碳足迹基础知识，需要：

1）查阅、整理已发布的产品碳足迹评价核算标准。

2）研究相关的碳足迹评估标准和指南，深入了解碳足迹评估的方法和程序。

3）了解生命周期单元过程数据库，明确不同数据库的特点以及使用方法。

4）关注碳足迹领域的最新研究成果和行业动态，了解碳足迹的最新趋势和发展方向。

1.1.4　职业判断与业务操作

根据任务描述，明晰企业 A 进行产品碳足迹评价和碳标签标识前需要了解的内容。

1）什么是产品碳足迹？

答：产品碳足迹指各种商品和服务在商品和服务的建立、改进、运输、储存、使用、供应、再利用或处置等过程中产生的温室气体排放量。

2）产品碳足迹评价的国际标准有哪些？

答：最具有代表性的国际碳足迹评价通用标准包括《商品和服务在生命周期内的温室气体排放评价规范》（PAS 2050：2011）、《温室气体核算体系：产品寿命周期核算与报告标准》（GHG Protocol）、《温室气体　产品碳足迹　量化要求和指南》（ISO 14067：2018）等。此外，还有多个具体产品种类的碳足迹评价标准。

3）产品碳足迹评价的生命周期单元过程数据库有哪些？

答：国际上认可度较高的生命周期单元过程数据库有瑞士的 Ecoinvent 数据库、德国的 GaBi 数据库、欧盟的 ELCD 数据库等。

我国陆续发布了中国生命周期基础数据库（CLCD）、中国产品全生命周期温室气体排放系数库（CPCD）、中国生命周期单元过程数据库（CAS RCEES）等多个本土数据库。

4）产品碳足迹和产品碳标签之间有什么关系？

答：产品碳足迹是具体产品的温室气体排放量，碳标签则以标签的形式告知消费者产品的碳信息。

任务 1.2　确定评价目的和范围

1.2.1　任务描述

企业 A 成立于 2008 年，是一家以陶瓷砖生产为主营任务的企业。抛釉大理石陶瓷砖是其主营产品之一。企业可获取抛釉大理石陶瓷产品 2023 年的生命周期评价相关数据，并依据《绿色设计产品评价技术规范——陶瓷砖》（T/CAGP 0013—2016，T/CAB 0013—2016）附件 B《陶瓷砖生命周期评价方法》对 1t 抛釉大理石陶瓷砖展开碳足迹评价，评价该产品原材料的生产、抛釉大理石陶瓷砖生产、抛釉大理石陶瓷砖运输、抛釉大理石陶瓷砖使用和抛釉大理石陶瓷砖废弃处置 5 个阶段的排放。

请根据任务描述，回答以下问题：

1）评价对象是什么？

2）时间边界怎么选取？

3）生命周期模式是什么，排放核算的阶段过程包括哪些？

1.2.2　知识准备

一、产品碳足迹评价目的

产品碳足迹评价的总体目的是结合取舍准则，通过量化产品生命周期内或选定过程所有显著的排放量与清除量，计算产品对全球变暖的潜在影响，以及在不同阶段、不同过程、不同空间的影响（以二氧化碳排放当量表示）。产品碳足迹评价结果除定量核算全过程温室气体排放总量外，可以根据产品生命周期碳排放的贡献分析与潜力分析，识别减碳空间；也常用于替代方案的对比评价，帮助企业、行业制定双碳目标。确定产品碳足迹评价的具体目的时，应明确陈述评价意图、开展评价理由、预期的产品碳足迹评价目标受众、预期信息交流等。

二、产品碳足迹评价对象

产品层级的碳足迹评价对象包括任何商品或服务。其中商品包括服务（例如运输）、软件（例如计算机程序）、硬件（例如发动机机械零件）、流程性材料（例如润滑油）等；服务可分为有形（例如对顾客提供的汽车进行清洗等活动）和无形（例如知识传授方面的信息提供）两部分，包括：1）在顾客提供的有形产品（例如维修的汽车）上所完成的活动。2）在顾客提供的无形产品（例如为纳税所进行的收入申报）上所完成的活动。3）无形产品的支付（例如知识传授方面的信息提供）提供无形产品。4）为顾客创造氛围（例如在宾馆和饭店）。5）软件由信息组成，通常是无形产品并可以方法、论文或程序的形式存在。

在选择研究的产品之前需要综览或筛选企业生产、分销、购买或销售的所有产品。在选择产品时，企业宜挑选温室气体强度高、具有重要战略意义且符合商业目标的产品。

三、评价范围

产品碳足迹评价范围应与评价目的保持一致，评价范围直接影响整个产品碳足迹评价环节及评价结果，是在进行产品碳足迹评价中至关重要的工作。因此，确定评价范围应综合考虑产品系统及其功能、功能单位或声明单位、系统边界、数据和数据质量要求、数据时间界限、情景假设、分配程序、特定的温室气体排放量和清除量、特定产品种类出现的处理方法、产品碳足迹研究报告、鉴定性评审类型、产品碳足迹研究的局限性以及产品碳足迹对比研究等。

1. 系统边界设定

依照生命周期评价要求，产品的生命周期包括原材料的获取、能源和材料的生产、产品制造和使用、产品生命末期的处理以及处置等阶段。系统边界决定产品碳足迹评价所涵盖的单元过程。系统边界应与产品碳足迹评价目标相一致。产品碳足迹的生命周期评价应涵盖产品生命周期的所有阶段。若采用产品碳足迹－产品种类规则，则应满足其对于单元过程的相关要求。如果不涵盖生命周期的所有阶段，应明确这一点并说明理由。

对照产品碳足迹、生命周期评价等要求，产品碳足迹的评价范围一般分为三种：

1）"大门－大门"边界，即产品制造阶段。

2）"摇篮－大门"边界，即涵盖原材料的获取、能源和材料的生产、产品制造等阶段。

3）"摇篮－坟墓"，即涵盖原材料的获取、能源和材料的生产、产品制造和使用、产品生命末期的处理以及处置等产品全生命周期。

若计划向公众公开产品碳足迹评价结果，宜采用"摇篮－大门"和"摇篮－坟墓"的系统边界。针对内部用途（如内部商业用途、供应链的优化或设计支撑等），可基于产品生命周期内具体阶段的排放与清除来计算产品碳足迹。

2. 系统边界准则

系统边界设定决定了产品碳足迹评价所涵盖的单元过程，应重点关注对产品温室气体排放与清除有实质性贡献的单元过程。因此，系统边界设定中需对边界内包含的单元过程进行如下思考：

1）哪些单元过程因预计其对产品碳足迹有实质性贡献而需被详细评价。

2）哪些单元过程的排放与清除是可基于次级数据来进行量化的（原因是这些单元过程对产品碳足迹预期贡献较小或其相关初级数据的收集是不可能或不可行的）。

3）哪些单元过程可被合并，例如工厂内部的所有运输过程。

3. 系统取舍准则

设定系统边界时，应确定和解释用于设定系统边界的准则，例如取舍准则。应确定纳入产品碳足迹评价的单元过程，以及对这些单元过程的评价应达到的详细程度。在不会显著改变产品碳足迹评价总体结论的前提下，允许不考虑部分生命周期阶段、单元过程输入或输出。但应清晰阐述忽略的具体情况，并说明忽略的原因及其影响。

4. 时间边界

产品碳排放核算评价的时间边界一般至少为一年。对于季节性、多年性的生产（如农业、畜牧业）应包含完整的生命周期。

1.2.3 任务实施

确定产品碳足迹评价范围的思路步骤如下：

一、了解企业基本情况

与企业沟通，了解企业的基本情况，包括企业成立时间、所有权状况、法定代表人、组织机构图和厂区平面分布图等，以及企业的生产经营情况，包括建设情况、主营产品情况等。

二、确定评价目标

例如开展评价原因、用途以及预期的产品碳足迹通报、目标受众等。

三、判断评价对象的产品类型

首先，确定评价对象。根据评价目标，确定评价对象为具体的某个商品或服务。其次，根据国民经济行业分类代码、主营产品统计代码等信息识别企业所属行业。最后，根据评价产品的性能和特点，识别产品类型及所属产品分类。

四、确定评价产品的产品种类规则

首先，查阅、整理已发布的产品生命周期评价规范、绿色设计产品评价技术规范、产品碳足迹评价标准等。

之后，从已发布的产品生命周期评价规范、绿色设计产品评价技术规范、产品碳足迹评价标准清单中选择适用产品种类规则的碳足迹评价标准。产品种类规则标准选用优先顺序遵循：产品碳足迹 > 绿色设计产品评价技术规范 > 产品碳足迹评价、生命周期评价通则。

五、确定产品碳足迹评价范围

当评价产品有匹配的产品种类规则时，按照该要求确定评价范围；当评价产品没有匹配的产品种类规则时，评价企业应根据评价目的及产品特点，确定评价范围。

系统边界的确定应依据评价对象特点以及企业评价需求，确定评价对象所选取的系统边界为"大门–大门""摇篮–大门"或"摇篮–坟墓"，并确定评价包含的各个阶段过程。

时间边界的确定应依据企业的生产特性，确定时间边界，一般至少为一年。

1.2.4　职业判断与业务操作

根据情景引例，分析企业 A 的产品碳排放核算的评价范围。

企业 A 生产的抛釉大理石陶瓷砖符合产品种类规则：《绿色设计产品评价技术规范——陶瓷砖》（T/CAGP 0013—2016，T/CAB 0013—2016）附件 B《陶瓷砖生命周期评价方法》，因此，按照该产品种类规则确定评价范围。

1）评价对象是什么？

答：评价对象为企业 A 生产的 1t 抛釉大理石陶瓷砖。

2）时间边界怎么选取？

答：企业可获取 2023 年全年数据，因此，时间边界可以选取 2023 年 1 月 1 日至 2023 年 12 月 31 日。

3）生命周期模式是什么，排放核算的阶段过程包括哪些？

答：企业 A 生产的抛釉大理石陶瓷砖按照其产品种类规则《陶瓷砖生命周期评价方法》的规定，陶瓷砖边界应包含资源开采、原材料及辅料生产、能源生产、产品生产、产品使用到产品报废、回收、循环利用及处置、主要原材料/部件/整机的运输等生命周期阶段。抛釉大理石陶瓷砖的碳足迹评价系统边界主要包括原材料的生产、抛釉大理石陶瓷砖生产、抛釉大理石陶瓷砖运输、抛釉大理石陶瓷砖使用和抛釉大理石陶瓷砖废弃处置 5 个阶段，包括各类原材料生产、能源生产、陶瓷砖生产、陶瓷砖包装与运输、陶瓷砖使用和陶瓷砖废弃处置等过程。

任务 1.3　认识产品碳足迹清单分析

1.3.1　任务描述

　　企业 A 的抛釉大理石陶瓷砖采用一次烧成技术。首先进行配料，然后进行球磨粉碎、浆料陈腐、喷雾造粒，再通过布料设备将制备好的粉料填充到压机模框里压制而成，然后利用窑炉余热，去除坯体部分水分。依据产品种类的不同给干燥坯体表面进行施釉，然后让坯体在高温中经受热化学反应，使原来由矿物原料组成的生坯最终玻化成瓷，再把烧成的陶瓷地砖经检验合格后送到抛光生产线上进行抛光以达到镜面效果，最后根据产品标准将产品分级、成品。如图 1-3-1 所示为抛釉大理石陶瓷砖生产工艺过程。

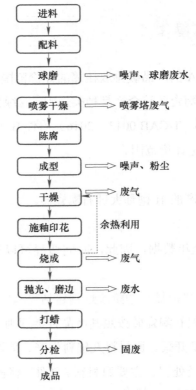

图 1-3-1　抛釉大理石陶瓷砖生产工艺过程

依据《绿色设计产品评价技术规范——陶瓷砖》（T/CAGP 0013—2016，T/CAB 0013—2016）附件B《陶瓷砖生命周期评价方法》，确定评价系统边界，可参考图1-3-2。

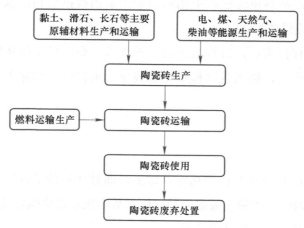

图1-3-2　抛釉大理石陶瓷砖碳足迹评价系统边界

请根据案例描述，回答以下问题：

1）对企业A抛釉大理石陶瓷砖产品碳足迹评价的产品系统进行单元过程划分。

2）确定企业A抛釉大理石陶瓷砖产品碳足迹评价系统每个单元过程的基本流。

1.3.2　知识准备

一、清单分析

在产品碳足迹评价的目的与评价范围确定之后，进入碳足迹评价的第二阶段工作——清单分析。

清单分析包括数据的收集和计算，以此来量化产品系统中相关输入和输出。进行清单分析是一个反复的过程。当取得了一批数据，并对系统有进一步的认识后，可能会出现新的数据要求，或发现原有的局限性，因而要求对数据收集程序做出修改，以适应评价目的。有时也会要求对研究目的和范围加以修改。

产品碳足迹评价的目的是对清单分析结果进行评价，因此清单分析结果是产品碳足迹评价的依据，清单分析影响着评价结果的正确性、准确度。清单分析阶段应编制产品系统边界内的所有材料/能源输入、输出清单，作为产品生命周期评价的依据。如果数据清单有特殊情况、异常点或其他问题，应在报告中进行明确说明。当数据收集完成后，应对收集的数据进行审定。然后，确定每个单元过程的基本流，并据此计算出单元过程的定量输入和输出。此后，将各个单元过程的输入、输出数据除以产品的产量，得到功能单位的资源消耗和环境排放。最后，将产品各单元过程中相同影响因素的数据求和，以获取该影响因素的总量，为环境影响评价提供依据。

所收集的数据进行核实后，进行数据的分析处理。企业可根据实际情况选择软件。通过建立各个过程单元模块，输入各过程单元的数据，可得到全部输入与输出物质能源排放清单。

二、核心概念

产品系统之间的比较建立在相同功能基础上，通过相同的功能单位进行量化。功能单位是基于从数学角度为输入和输出数据的归一化，基准流是提供确定功能所需的产品量，评价中的所有输入和输出均与其有量的关系。

1. 产品系统

产品系统是拥有基本流和产品流，同时具有一种或多种特定功能并能模拟产品生命周期的单元过程的集合。基本流是指那些取自环境的，未经过加工或者人为二次转换的，其边界为进入系统边界前的那些物质或能量，或者是离开系统边界的那些也不再进行加工或者二次转换的物质或能量。产品流是指人类活动产生的产品、服务等，包括进入或离开产品边界系统等产品、服务及中间流。产品系统示例如图 1-3-3 所示。

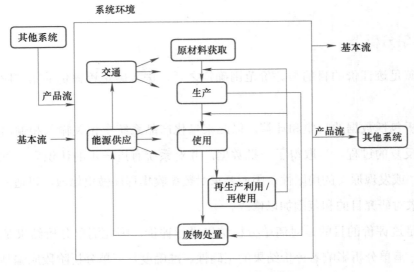

图 1-3-3 LCA 中产品系统示例

产品系统中的要素包括原材料、能源、生产与服务提供、设施运营、产品运输、产品储存、产品使用、废物处置等。

2. 单元过程

产品系统可进而划分为单元过程。单元过程之间通过中间产品流和（或）待处理的废物相联系，与其他产品系统之间通过产品流相联系，与环境之间通过基本流相联系。将一个产品系统划分为单元过程，有助于识别产品系统的输入与输出。在许多情况下，某些输入参与输出产品的构成，而有些输入（辅助性输入）仅用于单元过程的内部而不参与输出产品的构成。作为单元过程活动的结果，还产生其他输出（基本流和（或）产品）。单元过程边界的确定取决于为满足研究目的而建立的模型的详略程度。单元过程不等同于生产工序，可根据数据的可得性和完整性，把多个工序划分为一个单元过程。如图 1-3-4 所示为产品系统内一组单元过程示例图。

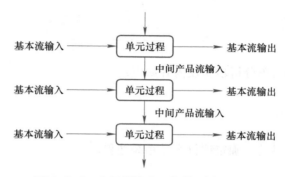

图 1-3-4　产品系统内一组单元过程示例

单元过程的划分，应确保各单元过程输入的原辅材料和能源消耗，以及输出的中间产品、副产品和废弃物的数量可获取；应确保能够计算各个单元过程温室气体排放，以及各单元过程温室气体排放对总排放量的贡献率，用来支持产品、技术和管理的改进。

3. 功能单位

功能单位是基于产品系统性能用来量化性能的基准单位。产品碳足迹评价应明确所评价产品系统的功能单位，需定性和定量地描述产品在范围内的功能和持续时间。功能单位应与评价目标和内容相一致。功能单位的主要目的是为输出和输入提供有关参考，因此，功能单位应被清楚地定义且为可测量的。若采用某产品碳足迹－产品种类规则进行产品碳足迹评价，所使用的功能单位应为产品碳足迹－产品种类规则中所定义的功能单位，且应与评价目标和内容相一致。

选定功能单位后，应界定基准流。产品系统间的比较应基于一项或多项相同的功能，且这些功能应按相同的功能单位（以基准流的形式）而被量化。若在功能单位之间的对比中未考虑任一产品系统的额外功能，则应解释和记录此情况。替代此方法的一种做法是把与提供这些功能相关联的系统添加到其他产品系统的边界内，以使产品系统更具有可比性。在这些情况下，应解释和记录所选择的单元过程。例如：某干手设备功能单位为干 1000 双手。

4. 基准流

基准流是指在给定产品系统中，为实现一个功能单元的功能所需的过程输出量。例如，地下的原油和太阳辐射等属于单元过程的基本流输入。向空气的排放、向水体的排放及辐射等属于单元过程的基本流输出。基本材料装配组件等属于中间产品流。

由于产品系统是一个物理系统，每个单元过程都遵守物质和能量守恒定律。物质和能量平衡可用来验证对单元过程表述的有效性。

1.3.3 任务实施

产品碳足迹评价的清单分析步骤及内容如下：

一、确定系统边界

根据碳足迹评价的目的，确定评价产品系统边界。

二、数据收集准备

对评价产品系统进行单元过程划分，确定每个单元过程涵盖范围；确定碳足迹评价的功能单位、基准流、声明单位等。

1）编制数据收集清单，开展数据收集。这些数据是通过测量、计算或估算得到的，用来量化单元过程的输入和输出。在系统边界中每一个单元过程的数据可以按以下类型来划分，包括：能量输入、原材料输入、辅助性输入及其他实物输入；产品、共生产品和废物；向空气、水体和土壤中的排放物；其他环境因素。

2）对收集的数据进行数据有效性检查，确认数据质量要求符合评价要求。数据确认可通过建立质量平衡、能量平衡和（或）碳足迹因子的比较分析或其他适当的方法来完成。由于每个单元过程都遵守物质和能量守恒定律，因此物质和能量的平衡能为单元过程描述的准确性提供有效的检查。

3）如果单元过程有多个输入或多个输出，对涉及多个产品系统的数据进行分配，并予以说明；再使用和再生利用也需要遵循相关产品系统的分配原则。

4）确认的数据与单元过程、功能单位或声明单位，以流程图和各单元过程间的流为基础，将所有单元过程的流都与基准流建立联系。计算应将系统的输入和输出数据与功能单位或声明单位建立联系。

5）根据数据与单元过程和功能单位或声明单位的关联分析，由敏感性分析所判定的重要性来决定数据的取舍，对系统边界进行修改、完善。

产品碳足迹清单分析的基本流程如图 1-3-5 所示。

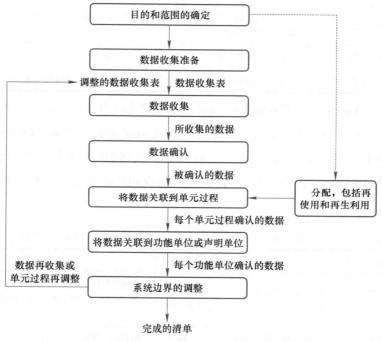

图 1-3-5　产品碳足迹清单分析的基本流程

1.3.4　职业判断与业务操作

根据情景引例，依据《绿色设计产品评价技术规范——陶瓷砖》（T/CAGP 0013—2016，T/CAB 0013—2016）附件 B《陶瓷砖生命周期评价方法》，确定抛釉大理石陶瓷砖的碳足迹评价系统边界主要包括原材料的生产、抛釉大理石陶瓷砖生产、抛釉大理石陶瓷砖运输、抛釉大理石陶瓷砖使用和抛釉大理石陶瓷砖废弃处置 5 个阶段，包括各类原材料生产、能源生产、抛釉大理石陶瓷砖生产、抛釉大理石陶瓷砖包装与运输、抛釉大理石陶瓷砖使用和抛釉大理石陶瓷砖废弃处置等过程，由此对企业 A 抛釉大理石陶瓷砖的碳足迹评价系统的单元过程、基本流确定如下。

1）对企业 A 抛釉大理石陶瓷砖产品碳足迹评价产品系统进行单元过程划分，见表 1-3-1。识别每个单元过程的涵盖范围及碳排放范畴。

表 1-3-1　抛釉大理石陶瓷砖产品系统单元过程划分

序号	单元过程	涵盖范围
1	原材料获取阶段	始于从大自然提取资源，结束于黏土、石英等原料生产。包括资源开采和提取、所有材料的加工与生产、材料采购、材料运输
2	产品生产阶段	始于抛釉大理石陶瓷砖的生产，结束于成品离开生产设施。生产活动包括配料、球磨、喷雾干燥、成型、干燥、印花、烧成、抛光磨边、包装等
3	产品分销阶段	产品成品分配给各地经销商、超市及商场，可沿着供应链将其储存在各点，包括运输车辆燃料使用等
4	产品使用阶段	始于消费者拥有产品，结束于用户终止使用
5	产品废弃处置阶段	始于产品报废，结束于产品作为废弃物再次进入流通领域或回收渠道

2）确定企业 A 抛釉大理石陶瓷砖产品碳足迹评价系统每个单元过程的基本流。

《绿色设计产品评价技术规范——陶瓷砖》（T/CAGP 0013—2016，T/CAB 0013—2016）附件 B《陶瓷砖生命周期评价方法》，确定以 1t 抛釉大理石陶瓷砖展开产品碳足迹评价。

结合表 1-3-1 的单元过程划分，抛釉大理石陶瓷砖产品碳足迹评价系统各单元过程的基本流汇总至表 1-3-2。

表 1-3-2　抛釉大理石陶瓷砖产品碳足迹评价系统各单元过程的基本流

序号	单元过程		输入流	输出流
1	原材料获取阶段	天然原料获取	泥沙石等天然原料 天然原料开采和提取过程中使用的能源	白泥等原料 开采和提取过程中能源消耗排放的温室气体等废气、固废
		人造原料获取	滑石粉、釉料等人造原料制备过程中使用的原材料和能源	滑石粉、釉料等化工料 制备过程中排放的温室气体等废气、固废
		能源获取	煤、电、水等能源资源	电、天然气等二次能源 煤等燃料使用过程中排放的温室气体等废气、固废
		水的供应	电、碳酸盐等	电、碳酸盐使用过程中排放的温室气体等废气、固废
		原料等运输	运输用能源 运输路程	燃料使用过程中排放的温室气体
2	产品生产阶段		泥沙石、滑石粉等原辅材料 电、天然气等能源 水	生产废料
3	产品分销阶段		运输用能源 运输路程	燃料使用过程中排放的温室气体
4	产品使用阶段		水 维保过程中用的清洁剂、药剂	清洁剂、药剂使用过程中排放的温室气体
5	产品废弃处置阶段	填埋	废砖	填埋过程中排放的温室气体
		再利用	废砖 破碎等再利用过程中使用的能源、水	再生原料

任务 1.4　认识产品碳足迹影响评价

1.4.1　任务描述

在任务 1.2 和 1.3 中，已经对企业 A 的抛釉大理石陶瓷砖进行了评价范围确定及清单分析工作。企业应按照数据收集清单及数据要求，获取各阶段的活动水平数据和碳足迹因子。

1）请描述企业 A 获取有效数据的工作步骤。

2）请描述企业 A 核算抛釉大理石陶瓷砖碳足迹的工作步骤。

3）企业 A 按照《绿色设计产品评价技术规范——陶瓷砖》（T/CAGP 0013—2016，T/CAB 0013—2016）附件 B《陶瓷砖生命周期评价方法》计算各阶段的碳足迹汇总见表 1-4-1。

表 1-4-1　企业 A 抛釉大理石陶瓷砖各阶段碳足迹汇总

生命周期阶段	碳足迹 /kgCO$_2$e
原材料获取阶段	175.03
产品生产阶段	444.87
产品分销阶段	26.76
产品使用阶段	0
产品生命末期阶段	12.39

根据以上信息，计算企业 A 抛釉大理石陶瓷砖的全生命周期碳足迹。

1.4.2　知识准备

一、产品碳足迹影响评价

产品碳足迹影响评价指评价范围内所有温室气体潜在气候变化影响的总和。如评价范围为产品全生命周期，即需对产品原材料获取阶段、产品生产阶段、产品分销阶段、产品使用阶段、产品生命末期阶段的系统边界内所有输入、输出导致的温室气体排放量进行汇总，并采用联合国政府间气候变化专门委员会给出的 100 年全球变暖潜能值（Global Warming Potential，GWP）将非二氧化碳气体数量转换为二氧化碳当量，最终得到产品碳足迹（单位示例：kgCO$_2$e 产品）。通过对产品碳足迹的核算与评价可以帮助企业和消费者了解产品的环境影响,指导生产和消费的可持续发展。

二、排放源类型

1) 原材料获取阶段:从自然界提取资源开始,到产品部件达到被研究产品的生产设施的大门终止。包括原料、燃料、原材料包装获取的排放,以及原材料运输到生产设施的排放。

2) 产品生产阶段:从产品部件进入研究产品的生产地点开始,到所研究产品完成,离开生产大门终止。包括产品生产的直接排放、间接排放,厂内运输排放,产品包装排放,生产中产生的废弃物处理排放等。

3) 产品分销阶段:从产品离开生产设施大门开始,到消费者取得产品所有权时终止。排放包括销售中心和销售地点的运营排放、产品运输到销售地点的运输过程排放等。

4) 产品使用阶段:从消费者取得产品所有权时开始,到产品被丢弃运输到废弃物处理地时终止。排放包括从销售地点到使用地点的运输排放、使用地点的储存和准备使用排放(比如冰箱保存、微波炉加热)、使用排放等。

5) 产品生命末期阶段:从使用过的产品被丢弃开始,到产品返回自然界或被分配到另一种产品的寿命周期中(如再生利用)结束。包括运输生命末期的产品和包装、废弃产品的拆解和处理等。

三、碳足迹核算方法

产品生命周期碳足迹按式(1-4-1)将各个过程的二氧化碳当量相加计算得到,即产品碳足迹是原材料获取阶段、产品生产阶段、产品分销阶段、产品使用阶段和产品生命末期阶段的全部或部分单元过程的碳排放量加和。

$$PCF_{产品} = E_{原材料获取} + E_{生产阶段} + E_{分销阶段} + E_{使用阶段} + E_{生命末期阶段} \qquad (1-4-1)$$

式中　　$PCF_{产品}$——产品温室气体排放量,单位为吨二氧化碳当量(tCO$_2$e);

$E_{原材料获取}$——原材料获取阶段的温室气体排放量,单位为吨二氧化碳当量(tCO$_2$e);

$E_{生产阶段}$——产品生产阶段的温室气体排放量,单位为吨二氧化碳当量(tCO$_2$e);

$E_{分销阶段}$——产品分销阶段的温室气体排放量,单位为吨二氧化碳当量(tCO$_2$e);

$E_{使用阶段}$——产品使用阶段温室气体排放量,单位为吨二氧化碳当量(tCO$_2$e);

$E_{生命末期阶段}$——产品生命末期阶段温室气体排放量,单位为吨二氧化碳当量(tCO$_2$e);

每个阶段的碳足迹核算方法包括直接监测法和核算法。

1) 直接监测的方法通过连续排放监测系统(Continuous Emission Monitoring System,

CEMS）来实现，其原理是通过直接测量烟气流速和烟气中 CO_2 浓度来计算温室气体的排放量，目前尚在探索阶段。

2）核算法是目前应用最广泛的碳足迹核算方法，又分为碳足迹因子法和质量守恒法。

碳足迹因子法：碳足迹因子法也称为标准法，用活动水平数据乘以对应的碳足迹因子。详见式（1-4-2）。

$$温室气体排放 = 活动水平数据 \times 碳足迹因子 \tag{1-4-2}$$

质量守恒法：质量守恒法也称碳平衡法。对于排放源多、反应过程复杂的排放类型，可以采用此种方法进行计算，计算原理详见式（1-4-3）。

$$温室气体排放 = （进入核算边界的碳质量 - 离开核算边界的碳质量）\times \frac{44}{12} \tag{1-4-3}$$

1.4.3　任务实施

1）识别产品（或部分产品）碳足迹每个温室气体排放源类别。

2）确定评价系统内不同活动（阶段）温室气体排放核算方法及计算公式。

3）确定温室气体核算的活动数据和碳足迹因子，核算出产品（或部分产品）评价范围的各阶段温室气体排放量，包括原材料获取阶段、产品生产阶段、产品分销阶段、产品使用阶段及产品生命末期阶段。

4）将产品评价范围内的各阶段碳足迹进行加和汇总，得到产品全生命周期碳足迹。

产品碳足迹的评价结果以二氧化碳当量（CO_2e）为单位量化并报告，计算的范围与评价系统边界保持一致。核算结果应分温室气体排放量、温室气体清除量数据，排放为正值，清除为负值。然后根据温室气体类型，确定全球增温潜势（GWP），将排放量与清除量数据换算为二氧化碳当量数据。最后将所评价产品生命周期内以二氧化碳当量表示的排放量与清除量数据相加，得到每个功能单位以二氧化碳当量表示的温室气体净排放量数据（正值或负值）。

全球增温潜势

1.4.4　职业判断与业务操作

1）请描述企业 A 获取有效数据的工作步骤。

答：根据情景引例，企业 A 获取有效数据的工作步骤包括：

数据收集准备、编制数据收集清单、开展数据收集、对收集的数据进行数据有效性检查等。

2）请描述企业 A 核算抛釉大理石碳足迹的工作步骤。

答：①识别产品碳足迹每个温室气体排放源类别。

②确定评价系统内不同活动（阶段）温室气体排放核算方法及计算公式。

③确定温室气体核算的活动水平数据和碳足迹因子，核算出产品（或部分产品）评价范围的各阶段温室气体排放量。

④将产品评价范围内的各阶段碳足迹进行加和汇总，得到产品全生命周期碳足迹。

3）根据以上信息，计算企业 A 抛釉大理石陶瓷砖的全生命周期碳足迹。

答：情景引例中已给出企业 A 抛釉大理石陶瓷砖各阶段碳足迹，将各阶段碳足迹结果进行加和即可得到全生命周期阶段碳足迹。

$$PCF_{产品} = E_{原材料获取} + E_{生产阶段} + E_{分销阶段} + E_{使用阶段} + E_{生命末期阶段}$$
$$= 175.03 + 444.87 + 26.76 + 0 + 12.39$$
$$= 659.05 kgCO_2e$$

任务 1.5 认识产品碳足迹解释

1.5.1 任务描述

在任务 1.4 中，已获取 / 计算企业 A 的抛釉大理石陶瓷砖碳足迹评价结果见表 1-5-1。

表 1-5-1 企业 A 的抛釉大理石陶瓷砖碳足迹评价结果

生命周期阶段	碳足迹 /kgCO_2e
全生命周期	659.05
原材料获取阶段	175.03
产品生产阶段	444.87
产品分销阶段	26.76
产品使用阶段	0
产品生命末期阶段	12.39

那么：

1）"产品碳足迹解释"包含哪些方面的内容？

2）请分析企业 A 抛釉大理石陶瓷砖各阶段产品碳足迹贡献值。

3）企业 A 的抛釉大理石陶瓷砖碳足迹排放最大的环节是哪个？

1.5.2　知识准备

对产品碳足迹评价结果进行解释是连接技术数据与社会认知的桥梁，不仅能帮助社会各界更好地理解环境问题，还能激发更多的环保行动，共同推动可持续发展目标的实现。

一、产品碳足迹解释的重要性

1）提高透明度和信任：通过解释评价结果，企业可以向利益相关者（包括消费者、投资者、监管机构等）展示其产品碳足迹评价过程的透明度，这有助于建立信任。

2）帮助消费者做出明智选择：解释产品碳足迹评价结果可以帮助消费者了解不同产品的环境影响。消费者可以根据这些信息做出更明智、更环保的购买决策，从而推动市场对可持续产品的需求。

3）识别减排机会：评价结果的解释可以帮助企业识别产品生命周期中的关键排放来源。通过了解这些信息，企业可以制定有针对性的减排策略，优化产品设计、生产、运输和处置流程，从而减少碳足迹。

4）展示可持续发展承诺：解释产品碳足迹评价结果可以成为企业展示其可持续发展和企业社会责任承诺的一种方式。这可以增强企业的品牌形象和声誉，吸引关注环境问题的客户、投资者和人才。

5）遵守监管和市场要求：一些国家和地区可能有监管要求，需要披露产品的碳足迹。此外，越来越多的市场和行业要求供应链中的低碳产品。解释评价结果可以帮助企业遵守这些要求，并获得市场准入。

6）推动持续改进：解释评价结果可以帮助企业设定基准，并随着时间的推移跟踪其产品的碳足迹改进。这可以推动企业不断改进其产品和流程，实现长期的可持续发展目标。

7）促进教育和增强意识：解释产品碳足迹评价结果可以成为教育消费者、员工和其他利益相关者有关气候变化、碳排放和可持续产品的重要工具。这可以提高人们对环境问题的认识，并鼓励采取行动。

二、产品碳足迹解释的主要内容

1）根据生命周期清单分析和生命周期影响评价的产品碳足迹和部分产品碳足迹的量化结果，识别重大问题。

2）根据研究的目的和范围，开展完整性、一致性和敏感性分析，并将不确定性分析和数据质量分析作为补充，以此来建立并增强研究结果的可信性和可靠性。

3）根据产品碳足迹研究的目的和范围，对产品碳足迹量化结果进行总结，对评价的局限性进行说明并对评价结果提出建议。

4）编制碳足迹报告，完整、准确记录和说明研究结果、数据、方法、假设和生命周期解释。

1.5.3 任务实施

1）根据产品碳足迹量化结果，识别重大问题，可按照生命周期阶段、单元过程或基准流进行梳理，也可结合产品工艺、设备等特点分析碳排放强度；如有必要也可对标国内外同类产品的碳足迹标准。

2）对产品碳足迹评价过程中所用数据的完整性、一致性和敏感性进行分析。

3）提出产品碳足迹评价的结论，并对评价过程中存在的局限性进行说明，针对评价结果提出相应的改进建议。

4）按照产品碳足迹评价目的、所采用的标准，编制产品碳足迹报告。

1.5.4 职业判断与业务操作

1）"产品碳足迹解释"包含哪些方面的内容？

答：产品碳足迹解释包括重大问题识别、完整性评价、一致性评价、敏感性分析、评价结论、局限性说明以及建议、报告编制等。

2）请分析企业 A 抛釉大理石陶瓷砖各阶段产品碳足迹贡献值。

答：企业 A 的抛釉大理石陶瓷砖各阶段产品的碳足迹贡献值为每个阶段的碳足迹占生命周期碳足迹的比例。经计算，各阶段贡献比例详见表 1-5-2。图 1-5-1 所示为各阶段产品碳足迹贡献值的饼状图。

表 1-5-2　抛釉大理石陶瓷砖各阶段产品碳足迹贡献值

生命周期阶段	碳足迹 /kgCO$_2$e	贡献值
全生命周期	659.05	100%
原材料获取阶段	175.03	26.56%
产品生产阶段	444.87	67.50%
产品分销阶段	26.76	4.06%
产品使用阶段	0	0%
产品生命末期阶段	12.39	1.88%

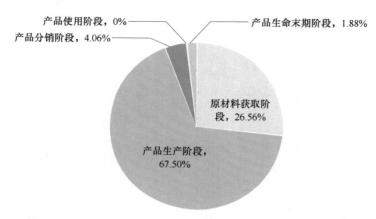

产品使用阶段，0%

产品分销阶段，4.06%

产品生命末期阶段，1.88%

原材料获取阶段，26.56%

产品生产阶段，67.50%

图 1-5-1　抛釉大理石陶瓷砖各阶段产品碳足迹贡献值饼状图

3）企业 A 的抛釉大理石陶瓷砖碳足迹排放最大的环节是哪个？

答：根据各阶段贡献值结果可知，产品生产阶段的贡献值最大，占比达 67.50%，该环节的碳足迹排放最大。

项目 2

产品碳足迹核算实操：生命周期清单分析

任务 2.1 数据收集与确认

2.1.1 任务描述

某工程科技公司位于河北省某产业园区内，成立于 2003 年。该公司主要服务于医药生物智能制造领域客户，生产大量的截止阀。该公司截止阀年产量为 8 万 t。为有效提升供应商竞争力，应对客户的绿色供应商提出采购要求。该公司于 2023 年 6 月，对其 2022 年主要生产的 J41W-16P 型号截止阀开展产品碳足迹评估工作。经评价小组讨论，明确：

声明单位 / 基准流：1t J41W-16P 型号截止阀

生命周期形式："摇篮 – 大门"

系统边界：包括原材料生产，原材料运输、产品生产环节。

取舍原则：排除总产品碳足迹中占比 <1% 的排放源、排除原料投入中占质量或体积 <1% 的排放源。

评价小组按照系统边界及取舍原则筛选后确定计算该产品碳足迹的原材料包括铸件、不锈钢材、橡胶以及四氟类，消耗量均有采购部统计，全部来源于该产品系统。四种主要原材料均通过 20t 货车从上游供应商运至该公司。此外，截止阀生产阶段能源消耗仅为电力。

该公司进行数据收集工作，收集系统边界内所有单元过程的定性资料和定量资料，通过多种方式收集到的 2022 年数据汇总见表 2-1-1：

表 2-1-1　J41W-16P 型号截止阀碳足迹评价数据收集汇总

序号	参数名称	数值	数据获取方式
1	原材料—铸件消耗量	57384t	企业采购部统计年度消耗数据
2	原材料—不锈钢材消耗量	22723t	企业采购部统计年度消耗数据
3	原材料—橡胶消耗量	4832t	企业采购部统计年度消耗数据
4	原材料—四氟类消耗量	2161t	企业采购部统计年度消耗数据
5	2022 全年产品产量—J41W-16P 型号截止阀	88700t	企业生产部统计数据
6	生产过程消耗电力	9023.41MW·h	企业生产部统计数据
7	碳足迹因子—铸件获取	0.983kgCO₂e/kg	阀门铸件环评项目背景数据
8	碳足迹因子—不锈钢材获取	1.863kgCO₂e/kg	中国生命周期基础数据库（CLCD）
9	碳足迹因子—不锈钢材获取	1.723kgCO₂e/kg	上游供应商提供的经第三方评审数据
10	碳足迹因子—橡胶获取	2.675kgCO₂e/kg	中国生命周期基础数据库（CLCD）
11	碳足迹因子—四氟类获取	8.320kgCO₂e/kg	聚四氟乙烯单位产品的能源消耗限额团体标准（T/FSL 058—2020）准入值
12	碳足迹因子—货运车辆（16～32t）	0.16650997kgCO₂e/t·km	Ecoinvent 3
13	碳足迹因子—货运车辆（7.5～16t）	0.28581930kgCO₂e/t·km	Ecoinvent 3
14	2012 年华北区域电网平均二氧化碳碳足迹因子	0.8843tCO₂e/MW·h	国家发展改革委
15	2018 年河北省级电网平均二氧化碳碳足迹因子	0.9029kgCO₂e/kW·h	《关于商请提供 2018 年度省级人民政府控制温室气体排放目标责任落实情况自评估报告的函》
16	铸件（运输）	200km	货运车辆 20t
17	不锈钢材（运输）	500km	货运车辆 20t
18	橡胶（运输）	300km	货运车辆 20t
19	四氟类（运输）	700km	货运车辆 20t

1）判断表 2-1-1 中哪些数据是初级数据和次级数据。

2）确定进行 J41W-16P 型号截止阀碳足迹评价时用的基础数据。

2.1.2　知识准备

对于系统边界内的所有单元过程，应收集纳入生命周期清单中的定性和定量数据。这些数据是通过测量、计算或估算得到的，用来量化单元过程的输入和输出。此外，在数据收集过程中应对数据的有效性进行检查，以确认并提供证据证明数据质量符合要求。

一、基本概念

1. 不确定性

与量化结果相关的参数，描述可合理关联于量化结果的数值离散程度，例如区间或概率分布。该数值偏差可合理地关联于被量化的数据集。

不确定性包括参数不确定性，例如碳足迹因子、活动数据；场景不确定性，例如使用阶段场景、生命末期阶段场景；模型不确定性等。

2. 不确定性分析

用来量化由于模型的不确定性、输入的不确定性和数据变动的累计而给生命周期清单分析结果带来的不确定性的系统化程序。

二、数据质量要求

应收集系统边界内所有单元过程的定性资料和定量数据。通过测量、计算或估算而收集到的数据，均可用于量化单元过程的输入和输出。应选取能实现目的和范围的初级数据和次级数据。

在开展产品碳足迹研究的组织拥有财务或运营控制权的情况下，应收集现场数据。所收集的现场数据应具有代表性。对于那些重要单元过程，即使不在财务或运营控制下，也应使用现场数据。在《温室气体　产品碳足迹　量化要求和指南》（GB/T 24067—2024）中，重要单元过程是那些对产品碳足迹贡献度不低于 80% 的过程。

在收集现场数据不可行的情况下，宜使用经第三方评审的非现场数据的初级数据。仅在收集初级数据不可行时，次级数据才能用于输入和输出，或用于重要性较低的过程。

宜证明次级数据的适用性，并注明参考文件。

宜通过使用现有最高质量数据，尽可能地减少偏差和不确定性。数据质量的特征应包括定量和定性两个角度。数据质量的特性描述应涉及以下方面：

①时间跨度：数据的年份和所收集数据的最小时间跨度。

②地理覆盖范围：为实现产品碳足迹研究目的，所收集的单元过程数据的地理区域。

③技术覆盖面：具体的技术或技术组合。

④精度：对每个数据值的可变性的度量（例如方差）。

⑤完整性：测量或测算的流所占的比例。

⑥代表性：对数据集反映实际关注群（例如地理范围、时间跨度和技术覆盖面等）的程度的定性评价。

⑦一致性：对研究方法学是否能统一应用到敏感性分析不同组成部分中而进行的定性

评价。

⑧ 可重现性：对其他独立从业人员采用同一方法和数值信息重现相同研究结果的定性评价。

⑨ 数据来源。

⑩ 信息的不确定性（例如数据、模型和假设）。

三、碳足迹评价数据选用

碳足迹评价数据获取方式

依据数据质量要求，温室气体活动数据可以使用特征数据或通用数据。特征数据优先采用产品生命周期中实测的初级数据，其次可使用同行业、同工艺等次级数据。

1. 通用数据优先次序为：

1）国家 LCI 数据库。

2）国内相关行业平均数据。

3）其他国家或地区公开发布的数据库。

4）公开发行用于 LCA 评价软件自带数据库。

2. 依据数据质量要求，温室气体碳足迹因子选用的优先次序为：

1）测量或质量平衡获得的碳足迹因子。

2）供应商提供的碳足迹因子。

3）区域碳足迹因子。

4）国家碳足迹因子。

5）国际碳足迹因子。

2.1.3 任务实施

一、明确数据收集清单

按照相应的产品碳足迹产品种类规则，结合评价目标和界定范围，对于系统边界内的所有单元过程，梳理纳入生命周期清单中的定性和定量数据，并形成数据收集清单/文件。

二、数据收集

数据是通过测量、计算或估算得到的，用来量化单元过程的输入和输出。

依据数据收集清单/文件，与数据收集相关部门人员进行沟通，逐项收集数据。对于可能对研究结论有显著影响的数据，应说明相关数据的收集过程、收集时间以及数据质量的详细信息。如果这些数据不符合数据质量的要求，也应做出说明。

收集的数据应符合时间及空间界限要求。

1. 数据时间界限要求

数据时间界限指的是产品碳足迹量化数值具有代表性的时间段，在开展碳足迹评价前应规定产品碳足迹具有代表性的时间段，并解释其合理性。数据收集时间段的选择应考虑数据在年内和年际的变化，并在可能的情况下使用代表所选时间段趋势的数值：

1）如果产品生命周期中与具体单元过程相关的温室气体排放量和清除量随时间推移而发生变化，应选择使用产品生命周期时间段内温室气体排放量和清除量的平均值。

2）如果系统边界内的某一单元过程与一个特定时间段相关联（例如水果和蔬菜等季节性产品），则温室气体排放量和清除量的评价应涵盖产品生命周期中该特定时间段。

3）如果发生在该时段以外的活动在产品系统之内（例如与苗圃相关的温室气体排放），应涵盖这些活动的温室气体排放量和清除量。

2. 数据空间界限要求

数据空间界限指的是产品碳足迹量化数字可代表的空间范围。宜根据碳足迹研究目的，规定产品碳足迹具有代表性的空间范围，确定如何对空间系统划分和选择空间网格粒度，并证明其合理性。空间系统的划分与空间网格粒度选取，应使所收集的代表某空间网格的数据能够适用于该网格内的单元过程。如果产品生命周期内某空间网格内特定单元过程的温室气体排放量和清除量与该地表、该空间网格的平均值存在显著差异，应调整空间的划分或者空间网格大小，直到差异变为不显著。

三、数据确认

在数据收集过程中应对数据的有效性进行检查，以确认并提供证据证明数据质量要求符合规定。

数据确认可通过建立质量平衡、能量平衡和（或）碳足迹因子的比较分析或其他适当的方法。由于每个单元过程都遵守物质和能量守恒定律，因此物质和能量的平衡能为单元过程描述的准确性提供有效的检查。

四、数据质量评估

数据质量评估应采用两步法：

1）应根据上述数据质量要求①至④项，对产品碳足迹研究的数据质量进行定性分析。

2）应根据上述数据质量要求①至⑩项，对数据进行评价。

开展产品碳足迹研究的组织宜建立数据管理系统，保留相关文件和记录，进行数据质量评价，并持续提高数据质量。

2.1.4 职业判断与业务操作

根据任务描述，分析并筛选数据。

1. 判断数据类型

J41W-16P 型号截止阀碳足迹评价数据类型见表 2-1-2。

表 2-1-2　J41W-16P 型号截止阀碳足迹评价数据类型

序号	参数名称	数值	数据获取方式	数据类型
1	原材料—铸件消耗量	57384t	企业采购部统计年度消耗数据	初级数据
2	原材料—不锈钢材消耗量	22723t	企业采购部统计年度消耗数据	初级数据
3	原材料—橡胶消耗量	4832t	企业采购部统计年度消耗数据	初级数据
4	原材料—四氟类消耗量	2161t	企业采购部统计年度消耗数据	初级数据
5	2022 全年产品产量—J41W-16P 型号截止阀	88700t	企业生产部统计数据	初级数据
6	生产过程消耗电力	9023.41MW·h	企业生产部统计数据	初级数据
7	碳足迹因子—铸件获取	0.983kgCO$_2$e/kg	阀门铸件环评项目背景数据	初级数据
8	碳足迹因子—不锈钢材获取	1.863kgCO$_2$e/kg	中国生命周期基础数据库（CLCD）	次级数据
9	碳足迹因子—不锈钢材获取	1.723kgCO$_2$e/kg	上游供应商提供的经第三方评审数据	初级数据
10	碳足迹因子—橡胶获取	2.675kgCO$_2$e/kg	中国生命周期基础数据库（CLCD）	次级数据
11	碳足迹因子—四氟类获取	8.32kgCO$_2$e/kg	聚四氟乙烯单位产品的能源消耗限额团体标准（T/FSL 058—2020）准入值	次级数据
12	碳足迹因子—货运车辆（16～32t）	0.16650997kgCO$_2$e/t·km	Ecoinvent 3	次级数据
13	碳足迹因子—货运车辆（7.5～16t）	0.2858193kgCO$_2$e/t·km	Ecoinvent 3	次级数据
14	2012 年华北区域电网平均二氧化碳碳足迹因子	0.8843tCO$_2$e/MW·h	国家发展改革委	次级数据
15	2018 年河北省级电网平均二氧化碳碳足迹因子	0.9029kgCO$_2$e/kW·h	《关于商请提供 2018 年度省级人民政府控制温室气体排放目标责任落实情况自评估报告的函》	次级数据
16	铸件（运输）	200km	货运车辆 20t	初级数据
17	不锈钢材（运输）	500km	货运车辆 20t	初级数据
18	橡胶（运输）	300km	货运车辆 20t	初级数据
19	四氟类（运输）	700km	货运车辆 20t	初级数据

2. 数据确认

1）确认不锈钢材获取碳足迹因子，见表 2-1-3。

表 2-1-3   不锈钢材获取碳足迹因子

参数名称	数值	数据获取方式	数据类型
碳足迹因子—不锈钢材获取	1.863kgCO$_2$e/kg	中国生命周期基础数据库（CLCD）	次级数据
碳足迹因子—不锈钢材获取	1.723kgCO$_2$e/kg	上游供应商提供实测数据	初级数据

根据数据获取要求，优先采用初级数据，因此不锈钢材获取的碳足迹因子应取 1.723kgCO$_2$e/kg。

2）确认原材料运输的碳足迹因子，见表 2-1-4。

表 2-1-4   原材料运输的碳足迹因子

参数名称	数值	数据获取方式	数据类型
碳足迹因子—货运车辆（16～32t）	0.16650997kgCO$_2$e/t·km	Ecoinvent 3	次级数据
碳足迹因子—货运车辆（7.5～16t）	0.28581930kgCO$_2$e/t·km	Ecoinvent 3	次级数据

由于原材料运输的运输方式均为货运车辆（20t），在 16～32t 之间，因此，选用碳足迹因子—货运车辆（16～32t）0.16650997kgCO$_2$e/t·km。

3）确认电力碳足迹因子，见表 2-1-5。

表 2-1-5   电力碳足迹因子

参数名称	数值	数据获取方式	数据类型
2012 年华北区域电网平均二氧化碳碳足迹因子	0.8843tCO$_2$e/MW·h	国家发展改革委	次级数据
2018 年河北省级电网平均二氧化碳碳足迹因子	0.9029kgCO$_2$e/kW·h	《关于商请提供 2018 年度省级人民政府控制温室气体排放目标责任落实情况自评估报告的函》	次级数据

两个电网碳足迹因子均为国家官方发布数据。考虑到数据质量的时间跨度及代表性要求。因此选用 2018 年河北省级电网平均二氧化碳碳足迹因子 0.9029kgCO$_2$e/kW·h。

任务 2.2 将数据关联到单元过程和功能单位或声明单位

2.2.1 任务描述

进行某品牌某型号汽车的碳足迹评价工作，生命周期评价形式为"摇篮-坟墓"。经调研，企业向上游供应商采购预加工的扁钢、20 种塑料进行汽车零件生产，采购预加工好的油漆、润滑剂及其他专有产品，与加工好的汽车零件进行汽车组装。组装好的汽车进行运输，并进行零售。车主进行汽车使用，在汽车寿命终止后，进行汽车的拆卸、粉碎和处置（不考虑零件的再循环利用情况）。

根据以上信息绘制该品牌该型号汽车流程图。

2.2.2 知识准备

一、产品流

产品从其他产品系统进入所评价产品系统或离开所评价产品系统而进入其他产品系统。

二、能量流

单元过程或产品系统中以能量为单位剂量的输入或输出。

三、输入

进入一个单元过程的产品、物质、能量流。

四、输出

离开一个单元过程的产品、物质、能量流。

2.2.3 任务实施

产品系统具有一种或多种特定功能的单元过程。对于每个单元过程都应确定一个合适的基本流，即该单元过程中输入的原辅材料和能源消耗，以及输出的中间产品、副产品和废弃物。在进行碳足迹核算时需要将定量的输入和输出的数据与单元过程相关联，应以和该流的关系为依据来进行计算。

一、关联过程分析

明确产品生命周期系统边界内所涉及的全部单元过程及相应的基本流，并对产品生命周期基本流中的能量流、物质流、服务进行排放源流分析。比如所研究产品的组件和包装、生产产品的过程、用来提高产品质量的材料及用于移动、生产或存储产品的能量。

二、绘制流程图

流程图说明了产品经过整个生命周期所需的服务、材料和能量，所报告的流程图应至少确认以下内容：

1）所定义的各个生命周期阶段。

2）在每一个阶段中所包含单元过程。

3）所研究产品在整个生命周期内的流。

4）从清单中排除的任何单元过程。

绘制流程图可以参考以下步骤，如图 2-2-1 所示为生产最终产品的企业绘制流程图的步骤举例：

1）在流程图顶部确定所定义的生命周期阶段。

2）在流程图中确定所研究产品制造完成并离开生产设施大门的位置。

3）确定制造与运输成品必需的部件输入和上游流程，并使这些过程与适当的生命周期阶段相对应。

4）确定每个上游过程相关的基本流，包括直接影响产品发挥其功能的输入（如化肥、润滑油）和输出（如废弃物和共生产品）。

5）对于"摇篮-坟墓"的清单，确定在分销、存储和使用研究产品时所需的下游流程步骤和基本流。

6）对于"摇篮-坟墓"的清单，确定在生命末期阶段研究产品所需的能量和材料输入。

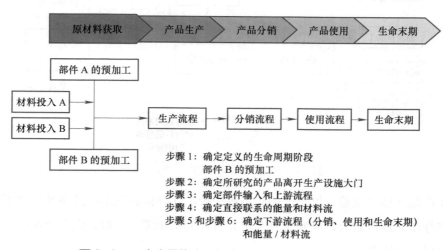

图 2-2-1　生产最终产品的企业绘制流程图的步骤举例

三、将所有单元过程的流都与基准流建立联系

以流程图和各单元过程间的流为基础，所有单元过程的流都与基准流建立联系。计算应将系统的输入和输出数据与功能单位或声明单位建立联系。

比如，某钢材的年产量为 10 万 t，声明单位为 1 万 t，则计算应将系统的输入和输出数据与功能单位或声明单位建立联系，即为：所有的单元过程间的基准流应为生产 1 万 t 钢材输入和输出的服务、能量、材料等。

四、汇总产品系统中的输入和输出数据

在汇总产品系统中的输入和输出数据时应慎重。汇总程度应与研究目的保持一致。仅当数据类型涉及等价物质并具有类似的环境影响时才允许进行数据汇总。如需更详细的汇总原则，宜在目的和范围的确定阶段进行说明，或在影响评价阶段进行说明。

2.2.4 职业判断与业务操作

根据任务描述，绘制某品牌某型号汽车流程图如图 2-2-2 所示。

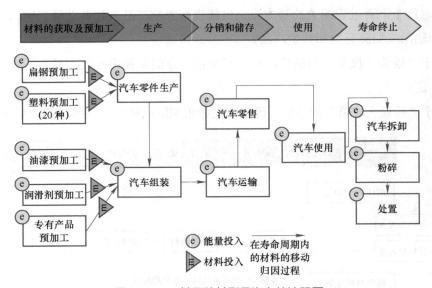

图 2-2-2 某品牌某型号汽车的流程图

对汽车产品开展"摇篮-坟墓"的碳足迹评价工作，需将汽车产品系统按照不同阶段，产品工艺进行单元过程划分，并明确每个单元过程的基本流。一般，汽车产品的单元过程和基本流可按以下思路分析：

1）原材料获取：这个过程涉及上游供应商生产汽车零配件过程输入能源、原材料产生的排放。

2）制造和组装：这个阶段包括生产汽车各个组件，这涉及各种制造过程（如铸造、锻造和成型）。将这些组件组装成完整的车辆也会产生排放物。这个阶段包括生产过程中的能源使用、制冷过程中水的使用以及组件运输过程中的排放物。

3）销售/分销：这个阶段包括汽车产品的运输，销售活动的举办等，涉及燃油、电力等能源输入。

4）使用阶段：这个阶段包括车辆在道路上的使用，会产生尾气和轮胎的排放物及车辆的定期维护和修复会产生排放物。涉及汽车使用时燃油、电力等能源输入，以及车辆和零件运输过程中能源消耗。

5）终末期阶段：这是车辆生命周期的最后阶段，包括处理回收过程产生的废物材料和焚烧或垃圾填埋过程中的潜在排放物。回收过程涉及能源使用和排放物，而在垃圾填埋场处理可能会导致甲烷排放。

任务 2.3　系统边界调整

2.3.1　任务描述

某电池公司成立于 2004 年，公司有一批以博士、资深工程师为核心的近 50 人的研发团队，涵盖产品研发、工艺设计、测试验证、设备自动化等领域。经过二十年的发展，该公司已成为国内外领先的电池产品制造商。在进行该公司电池的产品碳足迹评价过程中，第三方评价机构进行了细致的资料收集工作。在进行碳足迹评价初期，该公司碳足迹项目负责人与第三方评价机构沟通，确定了项目的基本评价范围和主要原则：

声明单位/基准流：1 个电池

生命周期形式："摇篮-大门"

系统边界：包括原材料生产，产品生产环节、运输环节。

第三方机构按照以往工作经验，进行初步碳足迹核算后得到的排放数据及敏感性分析结果汇总见表 2-3-1：

表 2-3-1　电池产品排放数据及敏感性分析结果

生命周期阶段	类别	碳排放量 /（gCO₂e/ 个）
原材料获取	正极材料	320.76
	导电胶	10.70
	溶剂	50.17
	负极材料	41.37
	铜箔	13.53
	电解液	21.43
产品生产	电力	588.70
产品运输	柴油	370.00
总计		1416.66

请根据初步核算结果，判断是否需要进行系统边界的调整？如需要调整，应如何调整？

2.3.2　知识准备

对与单元过程或产品系统相关的基本流的数量或环境影响重要性程度是否被排除在研究范围之外所做出的规定，即取舍原则。应制定与评价目的和范围界定一致的取舍准则，并在产品碳足迹研究报告中进行说明。一般，在制定取舍原则时宜考虑物质量、能量和环境影响重要性。

1）物质量：在运用物质准则时，当物质输入的累积总量超过该产品系统的物质输入总量一定比例时，就要纳入系统输入。

2）能量：在运用能量准则时，当能量输入的累积总量超过该产品系统的能量输入总量一定比例时，就要纳入系统输入。

3）环境影响重要性：在运用环境影响重要性准则时，如果产品系统是通过环境相关性选择出来的，则当该产品系统中的一种数据输入超过该数据估计量一定比例时，就要纳入系统输入。

国际产品碳足迹评价标准制定了不同的取舍原则。在 PAS 2050：2011、ISO 14067：2018 和 GHG Protocol 中，仅有 PAS 2050：2011 设置了明确的定量规定，即在清单完成 95% 以上时，排除低于总碳足迹 1% 的排放源；GHG Protocol 的截断基准相对灵活，规定在一个生命周期单元、阶段或者总清单中，排除对于质量、体积或排放不重要（例如 <1%）的排放源，没有强制性的取舍方式和定量的阈值。

2.3.3　任务实施

一、重新判定数据取舍

反复性是产品碳足迹量化的固有特征。如果不使用 CFP-PCR，应根据由敏感性分析所判定的重要性来决定数据的取舍。对缺乏重要性的生命周期阶段的那些单元过程进行重新判断，更新取舍原则。

二、调整系统边界

初始系统边界应根据目的和范围确定阶段所规定的取舍准则进行调整。

基于敏感性分析的系统边界调整可导致：排除被判定为缺乏重要性的生命周期阶段或单元过程；排除对研究结果缺乏重要性的输入和输出；纳入重要的新的单元过程、输入和输出。

系统边界调整的作用是将随后的数据处理限制在被判定为对产品碳足迹研究目的具有重要性的输入和输出数据范围内。

2.3.4　职业判断与业务操作

请根据初步核算结果，判断是否需要进行系统边界的调整？如需要调整，应如何调整？

答：根据各生命周期阶段的初步核算排放结果，计算每个物料 / 能耗类别的排放比例见表 2-3-2。

表 2-3-2　电池产品每个物料 / 能耗类别的排放比例（一）

生命周期阶段	类别	碳排放量 /（gCO₂e/ 个）	排放比例
原材料获取	正极材料	320.76	22.64%
	导电胶	10.70	0.76%
	溶剂	50.17	3.54%
	负极材料	41.37	2.92%
	铜箔	13.53	0.96%
	电解液	21.43	1.51%
产品生产	电力	588.70	41.56%
产品运输	柴油	370.00	26.12%
总计		1416.66	100%

由于该项目的取舍原则确定为：排除总产品碳足迹中占比 <1% 的排放源。经判断，原材料获取中的导电胶碳排放量以及铜箔碳排放量均小于 1%，需要排除，初始系统边界需要

进行调整，调整后的结果见表 2-3-3。

表 2-3-3　电池产品每个物料 / 能耗类别的排放比例（二）

生命周期环节	类别	碳排放量 / (gCO_2e/ 个)	排放比例
原材料获取	正极材料	320.76	23.04%
	溶剂	50.17	3.60%
	负极材料	41.37	2.97%
	电解液	21.43	1.54%
产品生产	电力	588.70	42.28%
产品运输	柴油	370.00	26.57%
总计		1392.43	100%

任务 2.4　数据分配

2.4.1　任务描述

某纸业公司 B 生产白卡纸、复印纸等。该公司将对其所生产的复印纸产品开展碳排放核算评价。该产品的生产过程如图 2-4-1 所示。原材料一部分来源于植物种植和采伐（原生纤维），另一部分来源于废纸回收利用（回用纤维）。能源生产主要为制浆生产和造纸生产（主要为抄纸过程）过程提供电力、蒸汽等。化学品生产主要为制浆（包括废纸浆的生产）、抄纸过程提供辅助化学品。在这两个关键步骤中，还会产生大量废水。这些纸张的最终处置大致可包括回收、填埋和焚烧三种方式。

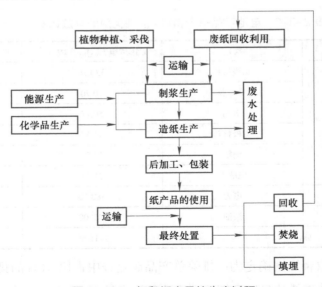

图 2-4-1　复印纸产品的生产过程

问：如果复印纸生产工艺过程产出其他纸质产品，该如何考虑数据的分配原则。

2.4.2 知识准备

一、数据分配的概念

在碳足迹评价中，数据分配是用于确定一个具有多个输出或结果的过程或系统中，各部分对环境影响的相应份额的方法。简单来说，就是将一个系统的总碳排放量按照某种依据分配到各个子系统或产品上。开展数据分配是必要的，原因如下：

1）多产品系统：许多生产过程会产生多种产品，这些产品可能具有不同的环境影响。例如，炼油厂可能会生产汽油、柴油和润滑油等多种产品。在这种情况下，我们需要一种方法来分配总的环境影响到各个产品。这就是数据分配的作用。

2）共享过程：有时，一个过程可能会被多个产品或服务共享。例如，一辆卡车可能会同时运输多种货物。在这种情况下，我们需要一种方法来分配卡车运行的环境影响到各种货物。这同样需要数据分配。

3）准确性和公平性：数据分配可以帮助我们更准确和公平地评估每个产品或服务的实际环境影响。通过数据分配，我们可以确保每个产品或服务只承担其应有的环境影响，而不是其他产品或服务的影响。

二、数据分配的方法

1. 物理性分配

根据产品和共生产品间的本质物理关系，以及产生的排放量，分配系统的输入和排放。

数据分配原则
及方法

> **举例**
>
> **运输排放的物理性分配**
>
> 一辆卡车运送水果和蔬菜两种产品。这两种产品和它们的排放贡献间有着清晰的物理关系，因为在运输工具上单位产品的燃料使用量取决于它们的装载重量或装载体积。为了确定哪种物理性分配因子最适合描述这种关系，企业宜确定该运输方式的限制因子（一般是重量或体积）。
>
> 如果卡车运送的水果和蔬菜的数量受限于产品的重量，则分配因子就是重量。然而，如果水果和蔬菜运输受限于产品的体积，那么最合适的分配因子就是体积。

如图 2-4-2 和图 2-4-3 所示分别为基于重量和体积进行运输排放的物理性分配。

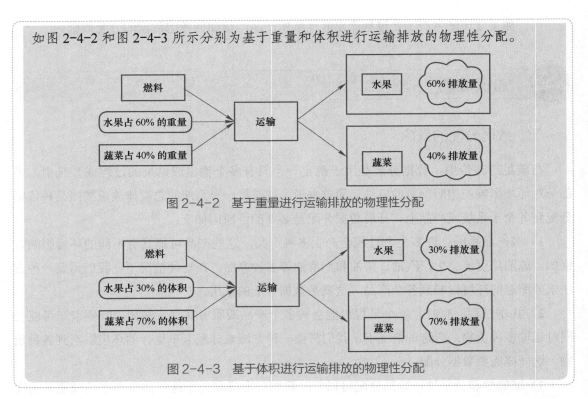

图 2-4-2 基于重量进行运输排放的物理性分配

图 2-4-3 基于体积进行运输排放的物理性分配

2. 经济性分配

根据离开共同过程的每种产品的市场价值来分配产品和共生产品的输入和排放。

> 举例
>
> **龙虾和其他渔获物间的经济性分配**
>
> 在龙虾捕捞过程中，其他的鱼类经常会被误捕，并作为其他渔获物被出售。其他渔获物的价值比龙虾低很多，但是在一些情况下，它们可占捕捞过程质量输出的很大份额。这个案例首选经济性分配方法，因为如果渔夫不捕捞龙虾，那么在相同方法下共生产品（其他渔获物）很可能也不会被捕获，而且产品物理输出的变化与过程排放的关联也不强（即无论当日其他渔获物和龙虾量多或少，都可能使用相同数量的燃料）。

3. 其他分配

根据除物理或经济关系外的其他可建立的合理的关系来分配产品和共生产品的输入和排放。共生产品是在所研究产品生命周期中产生的，可作为另一个产品生命周期输入的有价值的产品。没有经济价值的共生产品被视为废弃物，因此没有排放或清除被分配。

2.4.3　任务实施

应确定与共生产品系统共享的过程，并按照以下步骤进行处理。

一、避免分配

只要可能，宜尽可能通过过程细分、重新定义功能单位或使用系统扩展来避免分配。可以通过将拟分配的单元过程划分为两个或多个子过程，并收集与这些子过程相关的输入和输出数据；重新定义分析单元，将共生产品（附加功能）包括在功能单位中；扩展产品系统，使其包括共生产品相关的附加功能。

　　1．过程细分

当共同过程可能被分成两个或更多分开的过程时，过程细分可用于避免分配。共同过程需要细分到所研究产品及其功能是独立的即可，不需要到每一个共生产品都有一个独一无二且清晰的过程。

例如：一个炼油厂有多种输出，包括但不限于：汽油、柴油、重柴油、石油焦和沥青。如果所评价的产品是柴油，那么需要将炼油厂的总排放的一部分分配给柴油产品。因此，精炼过程宜被尽可能细分成只包含柴油生产的过程。然而，由于柴油产品的原材料投入来源很多，细分难以达到柴油产品的单元过程独立。在考虑了过程细分和尽可能简化了共同过程后，企业宜使用其他建议的分配方法进行分配或避免分配。

　　2．重新定义功能单位

当可以将研究的产品和共生产品合并为一个单独的功能单位时，可以采用重新定义分析单元的方法避免分配。

例如：一家企业生产 PET 瓶子（用于装饮料）。该企业定义的功能单位（分析单元）和系统边界仅包括关联于瓶子生产、使用和处置的过程，饮料生产、使用和处置的过程被排除在外。然而，系统边界内的很多过程对瓶子和饮料均有影响。为了避免分配，企业决定重新定义功能单位以使其包括饮料（会被客户消费）的功能，功能单位重新定义为装有一升被顾客消费的饮料的瓶子。

　　3．系统扩展

当共生产品的排放量能够用相似的过程或结果模拟，对共生产品的真实使用有直观的认识时，可以使用系统扩展法避免分配。在多种共生产品之间进行燃烧排放的分配时，系统扩展法比较有效。

例如，在纸浆厂中，木材被加工转化为纸浆和造纸黑液。造纸黑液经燃烧后，可以用于内部电力生产和（或）将多余的电量卖给电网。对造纸黑液生产的电力这一共生产品进行排放分配时，宜使用系统扩展方法。因此，如果纸浆厂产生了 1000kg 的温室气体排放并使用了 5MW 的电力，而电网数据显示 5MW 电网电力平均相当于 50kg 温室气体排放，那么纸浆厂分配给纸浆产品的排放就是 950kg（即：工厂产生 1000kg，其中 50kg 来自生产的电力）。

二、物理性分配

若无法避免分配，则宜将系统的输入和输出以能反映它们之间潜在物理关系的方式，划分到不同产品或功能中。

当执行物理性分配时，所选因子宜最准确反映所研究产品、共生产品和过程排放、清除间的本质物理联系。物理性分配因子的例子包括：

1）作为输出的共生产品的质量。

2）运输货物的体积。

3）热和电力共生产品的能源含量。

4）制造的（产品）单元数量。

5）食品共生产品的蛋白质含量。

6）化学成分。

三、其他分配方式

当物理关系无法建立或无法用来作为分配基础时，则应以能反映它们之间其他关系的方式将输入和输出在产品或功能之间进行分配。例如可以根据产品的经济价值按比例将输入和输出数据分配到共生产品上，或采用"其他关系"分配方法。

1）选择经济性分配因子时，企业宜直接使用共生产品离开共同过程后的价格（即进入任何后续过程前的价值）。当这一直接价格无法获得或无法评估时，可以使用市场价格或产品生命周期后段的价格，但是下游成本应尽最大可能扣减。

2）"其他关系"分配方法使用已建立的行业、企业、学术或其他来源的惯例和规范来分配排放。如果没有已建立惯例，并且其他分配方法对共同过程也不适用，企业可以对共同过程做出假设，以选择分配方法。使用假设时，企业宜评估情景的不确定性，以确定假设对清单结果的影响。

有些输出可能同时包括共生产品和废物，此时应确定两者的比例，因为输入和输出只对其中的共生产品部分进行分配。对系统中相似的输入和输出，应采用同样的分配程序。例如离开系统的可用产品（中间产品或废弃产品）的分配程序应和进入系统的同类产品的分配程序相同。

生命周期清单是以输入和输出之间的物质平衡为基础的。因此，分配程序应尽可能地接近这些基本的输入和输出关系和特征。

四、将数据关联到单元过程和功能单位或声明单位

分配后的数据，同样需要以流程图和各单元过程间的流为基础，将对应的单元过程的流与基准流建立联系。计算应将系统分配后的输入和输出数据与功能单位或声明单位建立联系。

2.4.4　职业判断与业务操作

根据任务描述，如果复印纸生产工艺过程产出其他纸质产品，该如何考虑数据的分配原则。

答：当一种生产工艺过程产出多种产品时，需要根据某一分配参数把原料、能量、废弃物排放合理分配到各产品/副产品中。对于纸产品生产中涉及分配时可采用的分配方法：

1）纸产品生产过程中，蒸汽、电力等的分配可以依据产品质量进行分配，制浆、造纸等单元过程在消耗能源的同时，对能源生产过程中所排放的污染物的分配可根据各单元过程的能源消耗量进行分配。

2）企业废水处理过程的数据应当包含在碳足迹评价的生命周期范围内，废水处理过程中不同来源废水的污染负荷根据废水量及污染物浓度进行分配，如果企业的生产现场没有废水处理设施，应当从相关污水处理站获取相关数据，获取的相关数据应当依据废水处理成本进行分配。

3）如果企业的原材料存在多家供应商，则应收集供应商的相关数据，并按照实际使用比率进行分配。

任务 2.5　产品碳足迹绩效追踪

2.5.1　任务描述

某乙醇生产企业在 2012 年为 1t 燃料乙醇产品进行了产品碳足迹评价，评价结果为 6.278 tCO_2e/t。2020 年，该企业优化生产线工艺，开展节能改造工程，并且完善了数据监测系统。随着企业生产升级、碳足迹因子的不断更新，现考虑对燃料乙醇产品的碳足迹进行绩效追踪

及重新评估。首次评价（2012 年）的排放基础数据见表 2-5-1，规定的非显著变化阈值为总排放的 1%。2022 年数据收集结果见表 2-5-2。

1）在对该产品进行碳足迹绩效追踪时，需要注意哪些参数的变化。如涉及变化，应调整为多少。

2）判断该产品是否需要进行重新评价。如果重新评价，碳足迹结果为多少。

表 2-5-1　首次评价的排放基础数据

类别	名称	数据
原燃料用量 （单位产品 /t）	玉米	1.613
	小麦	0.026
	水稻	1.902
原燃料运输 （运输距离 /km）	玉米	110
	小麦	90
	水稻	90
生产用能 （单位产品）	电力 /MW·h	0.262
	蒸汽 /MJ（190℃，0.9MPa）	4.610
碳足迹因子	玉米获取 /（tCO_2e/t）	0.3628
	小麦获取 /（tCO_2e/t）	0.4601
	水稻获取 /（tCO_2e/t）	0.9351
	货运车辆 16 ～ 32t/（$kgCO_2e$/t·km）	0.1665
	蒸汽 /MJ（190℃，0.9MPa）	0.1492
	电力 /（tCO_2e/MW·h）	0.8843
	产品燃烧 /（tCO_2e/t）	2.9251

表 2-5-2　2022 年评价的基础数据

类别	名称	数据
原燃料用量 （单位产品 /t）	玉米	1.613
	小麦	0.026
	水稻	1.902
原燃料运输 （运输距离 /km）	玉米	70
	小麦	90
	水稻	90
生产用能 （单位产品）	电力 /MW·h	0.251
	蒸汽 /MJ（190℃，0.9MPa）	4.600
碳足迹因子	玉米获取 /（tCO_2e/t）	0.3628
	小麦获取 /（tCO_2e/t）	0.4601
	水稻获取 /（tCO_2e/t）	0.9351
	货运车辆 16 ～ 32t/（$kgCO_2e$/t·km）	0.1665
	蒸汽 /MJ（190℃，0.9MPa）	0.1492
	电力 /（tCO_2e/MW·h）	0.5703
	产品燃烧 /（tCO_2e/t）	2.9251

2.5.2　知识准备

产品碳足迹的绩效追踪是指对同一组织的一个特定产品在一段时间内的产品碳足迹或部分产品碳足迹进行比较。企业可以根据绩效追踪结果，持续优化生产过程，减少碳排放。

一、产品碳足迹绩效追踪的要求

计划将产品碳足迹用于产品碳足迹绩效追踪时，应满足以下针对产品碳足迹量化的附加要求：

1）应针对不同时间点或空间范围进行研究。

2）应针对相同功能单位或声明单位计算产品碳足迹随时间或空间发生的变化。

3）应使用相同的方法（例如选择和管理数据的系统、系统边界、分配、全球增温潜势等，以及相同的 PCR）计算产品碳足迹随时间或空间的变化。产品碳足迹绩效追踪的时间间隔不应短于任务 2.1 所述的数据时间界限，且应在目的和范围中予以描述。产品碳足迹用于空间绩效追踪时，不同时间段的空间系统划分要保持一致。

二、温室气体排放量和清除量的时间影响

所有温室气体排放量和清除量都应按照研究周期的初始情况进行计算，而不考虑延时的温室气体排放量和清除量的影响。

如果使用阶段和（或）生命末期阶段产生的温室气体排放量和清除量是在产品投入使用超过 10 年后发生的（如果相关产品类别规则中没有另行规定），则应在生命周期清单中规定相对于产品生产年份的温室气体排放和清除的周期。如果计算产品系统的温室气体排放量和清除量的时间影响，应在产品碳足迹研究报告中单独记录。应在产品碳足迹研究报告中注明计算时间影响的方法，并证明其合理性。

注：选择 10 年的时间周期是为了避免在较短时间周期内重复收集数据和额外报告温室气体排放量和清除量，并实现报告的可比性。该数值在将来可能会根据经验或随着科学进步而被修改。

三、温室气体排放量和移除量的空间影响

如果将产品碳足迹用于空间相关研究时，所有温室气体的区域排放量和区域清除量不考虑温室气体在空间上扩散的影响。

2.5.3 任务实施

一、变化情况识别

随着时间的迁移，活动水平数据、碳足迹因子、数据质量和核算方法可能会发生改变和改善。当这些参数或者核算方法的变化影响到初始核算结果时，宜重新核算，以确保评价结果的长期可比性。这些变化包括但不限于重新定义关联过程、收集更高质量的数据、优化或改变分配方法等。

二、重新计算

企业在进行初次报告时，应规定非显著变化的阈值，在此阈值之上的变化将引起重新计算。在重新计算之前，企业应阐明重新计算的背景和计算要求。

例如，公布了一个新的碳足迹因子，对评价结果产生 1% 的影响，低于了企业初次报告中规定的阈值，企业可以不进行重新核算；如果产生的变化导致企业需要重新定义分析单元，企业需要按照新的分析单元进行重新核算评估。

三、更新报告

一旦变化已经发生，重新进行了数据收集及碳足迹核算，企业应更新评价报告以包含最新内容和初始评价内容。与初始评价内容相比的任何变化信息，都应清楚阐述。如果初始报告没有被重新计算，企业则需要报告不重算所依据的阈值。在任何一种情况下，初始结果和更新结果都应包含在更新报告中。

2.5.4 职业判断与业务操作

1）在对该产品进行碳足迹绩效追踪时，需要注意哪些参数的变化。如涉及变化，应调整为多少？

答：根据任务描述，由于企业的工艺优化，节能改造等措施，导致该企业燃料乙醇生产所用的电力能耗下降。并且，原料（玉米）的供应商改变运输距离从 110km 减少为 70km。主管部门对电力碳足迹因子进行更新发布，所用于计算产品碳足迹的电力碳足迹因子由 0.8843tCO$_2$e/MW·h 降低为 0.5703tCO$_2$e/MW·h。

2）判断该产品是否需要进行重新评价。如果重新评价，碳足迹结果为多少。

答：2022 年 1t 燃料乙醇的产品碳足迹计算结果见表 2-5-3。

表 2-5-3　2022 年 1t 燃料乙醇的产品碳足迹计算结果

阶段	排放量 / (tCO_2e/t)
原材料获取	2.375
原材料运输	0.048
产品生产	0.829
产品使用	2.925
碳足迹	6.177

相比 2012 年评估的碳足迹 $6.278 tCO_2e/t$，2022 年评估结果降低 1.6%，超出规定阈值 1%，因此需要进行重新评估计算。

任务 2.6　特定温室气体排放量和清除量的处理

2.6.1　任务描述

请判断以下情况的温室气体排放量和清除量的具体处理方式：

1）企业进行煤炭开采，开采产品作为能源进行工业生产。

2）电力企业采用秸秆燃烧发电。

3）某石化企业将排放的二氧化碳进行收集，用物理固碳方法将其长期储存在油气井内。

4）某产品用从自然生长的林地采伐的木材制造，采伐造成土地碳储量变化。

2.6.2　知识准备

一、生物质

生物来源的物质，不包括嵌入地质构造中的物质和转化为化石的物质，也不包括泥炭。

注：包括有机物质（有生命的和死亡的），例如树木、作物、草、树木凋落物、藻类、动物、粪便和生物源废物。

二、生物成因碳

源自生物质的碳。

三、化石碳

化石物质中包含的碳。化石物质包括煤、石油和天然气以及泥炭等。

四、土地利用

在相关边界范围内，人类对土地的使用或管理。在《温室气体 产品碳足迹 量化要求和指南》中，相关边界指的是所研究系统的边界。在生命周期评价（LCA）中，土地利用多指"土地占用"。

五、直接土地利用变化

按照政府间气候变化专门委员会对土地利用类型的定义，如果土地利用类型发生变化（例如从林地变为耕地），土地利用就会发生变化。

六、间接土地利用变化

由直接土地利用变化导致，但发生在相关边界范围外的土地利用变化。

示例：如果某块土地的用途从粮食生产变为生物燃料生产，其他地方就可能发生土地利用变化以满足对粮食的需求。这种发生在其他地方的土地利用变化就是间接土地利用变化。

七、碳储量

碳储量是指储存在不同碳库中碳的数量，包括土壤有机物、地上和地下生物质、死亡有机物质和伐木制产品。碳储量的增加是生物成因碳的清除，碳储量的减少是生物成因碳的排放。

生物成因碳库内碳储量的净含量是大气中二氧化碳排放量和清除量之和。生物成因碳储量的变化还可能源于生物碳从一个碳库向另一个碳库的物理或化学转移。

2.6.3 任务实施

一、化石碳和生物成因碳的处理

化石温室气体排放量和清除量应包括在 CFP-PCR 中，并作为最终结果单独记录。生物成因温室气体排放量和清除量应包括在产品碳足迹或部分产品碳足迹中，并分别单独表述。所研究系统中应包括生物质衍生产品生命周期的所有相关单元过程，包括但不限于生物质的栽培、生产和收获。

化石温室气体清除量的示例：通过非生物过程捕获发电厂的化石排放量，然后通过地质封存进行储存。

二、产品中的生物成因碳的处理

当生物成因碳在产品中储存一定时间后，应按照温室气体排放量和清除量的时间影响的规定对其进行处理。产品的生物成因碳含量应在产品碳足迹研究报告中单独记录，但不应纳入产品碳足迹或部分产品碳足迹的结果。在进行"摇篮－大门"研究时，应提供有关生物成因碳含量的信息，因为该信息可能与剩余价值链有关。

需要注意的是，在含有生物质的产品中，生物成因碳含量等于植物生长过程中的碳清除量。在生命末期阶段，可释放这种生物成因碳。

农业涉及农作物、牲畜、家禽、真菌、食用昆虫、饲料、纤维、药品、生物能源等农产品的生产。林业涉及以生产纸浆、实木和其他来自生物质产品为目的的森林管理。生物质衍生产品也被称为生物基产品。使用土地生产农林产品会产生温室气体排放量和清除量，以下是产生温室气体排放量和清除量活动的例子：

1）饲养牲畜。

2）施肥管理。

3）在土壤中施用合成肥料、有机添加剂、石灰。

4）土壤排水。

5）露天燃烧生物质残余。

6）杂草治理。

7）土地清理。

8）造林。

9）农作物和森林建设的土地处理。

10）疏伐、修剪和采伐森林。

11）建立和维护农场和森林道路。

非二氧化碳温室气体排放源可能包括：

1）肠道发酵（CH_4）。

2）施用矿物和有机含氮肥料（N_2O）。

3）粪便处理（CH_4）以及 N_2O 的应用。

4）水稻栽培（CH_4）。

其他相关的生物成因温室气体排放量和清除量包括生物质和土壤的二氧化碳排放量和清除量。

三、电力的处理

与用电相关的温室气体排放量应包括：

1）供电系统生命周期内产生的温室气体排放量，例如上游排放量（例如开采和运输燃料至发电站，或种植和加工用作燃料的生物质）。

2）发电过程中的温室气体排放量，包括电力输配过程中的损失量。

3）下游排放量（例如处理核电站运行产生的废物或处理燃煤电厂的粉煤灰）。

为避免重复计算，可参考以下原则：

1. 内部发电

当内部发电（例如现场发电）为研究产品消耗的电能，且未向第三方出售时，则应将该电力的生命周期数据用于该产品。

2. 直接连接供应商的电力

如果该组织与发电站之间具有专用输电线路，并且未向第三方出售所消耗的电力，则可使用该电力供应商提供的电力温室气体碳足迹因子。

3. 电网电力

当供应商能够通过合同工具保证电力产品符合以下要求时，应使用供应商特定电力产品的生命周期数据：

1）传递与电力输送单位相关信息以及发电机特性。

2）保证提供唯一的使用权。

3）由报告实体或报告实体代表追踪、赎回、报废或注销。

4）尽可能接近合同的适用期限，并包括相应的时间跨度。

5）在国内生产，如果是电网互联，则在消费的市场边界内生产。

如果所研究系统中的过程位于小岛屿发展中国家，则 PCR 或 CFP-PCR 可另外使用合同对这些过程进行量化，而不考虑电网的互联性。

当无法获得供应商的具体电力信息时，应使用与获得电力的电网相关的温室气体排放量。相关电网应反映相关地区的电力消耗，不包括任何之前已声明的归属电力。如果没有电力跟踪系统，所选电网应反映该地区的电力消耗量。

四、土地利用的处理

应评估由于土地利用变化（不是由于土地管理的变化）而导致的土壤和生物质碳储量变化所产生的温室气体排放量和清除量，并将其纳入产品碳足迹中。如果不评价土壤和生物质碳储量的变化，应在产品碳足迹研究报告中说明理由。如果包括在内，应按照国际公认的方法，例如《IPCC国家温室气体清单指南》评价此类排放量和清除量，并应在产品碳足迹研究报告中单独记录。

当土地管理变化与参照土地利用相比引起土壤和生物质碳储量变化时，应记录此类温室气体排放量和清除量，并将其指定给所研究的系统。

五、飞机运输温室气体排放量的处理

飞机运输温室气体排放量应纳入产品碳足迹中，并在产品碳足迹研究报告中单独记录。如果使用了航空乘数，该乘数的影响不应纳入产品碳足迹中，而应与来源一起单独报告。

六、要求汇总

产品碳足迹研究和研究报告中的特定温室气体排放量和清除量处理见表2-6-1。

表2-6-1　产品碳足迹研究和研究报告中的特定温室气体排放量和清除量处理

特定温室气体排放量和清除量	产品碳足迹或部分产品碳足迹中的处理			产品碳足迹研究报告中的记录	
	应包括	宜包括	宜考虑包括	应在产品碳足迹研究报告中单独记录	应在产品碳足迹研究报告中单独记录（如有计算）
化石和生物成因温室气体排放量和清除量	√			√	
直接土地利用变化导致的温室气体排放量和清除量	√			√	
间接土地利用变化导致的温室气体排放量和清除量			√		√
土地利用导致的温室气体排放量和清除量		√			√
产品中的生物成因碳					√
飞机运输温室气体排放量	√			√	

2.6.4 职业判断与业务操作

1）企业进行煤炭开采，开采产品作为能源进行工业生产。

答：企业进行煤炭开采，开采产品作为能源进行工业生产，应包括在工业生产的产品碳足迹计算中，属于化石成因温室气体排放。

2）电力企业采用秸秆燃烧发电

答：电力企业采用秸秆燃烧发电。秸秆为含有生物质的产品，生物成因碳含量等于植物生长过程中的碳清除量，在秸秆燃烧阶段（生命末期阶段），生物成因碳可被释放。因此，秸秆燃烧不涉及温室气体排放。

3）某石化企业将排放的二氧化碳进行收集，用物理固碳方法将其长期储存在油气井内。

答：某石化企业将排放的二氧化碳进行收集，用物理固碳方法将其长期储存在油气井内，属于化石成因温室气体清除，应包括在产品碳足迹计算中。

4）某产品用从自然生长的林地采伐的木材制造，采伐造成土地碳储量变化。

答：某产品用从自然生长的林地采伐的木材制造，采伐造成土地碳储量变化，属于直接土地利用变化，应包含在产品碳足迹计算中。

项目 3

产品碳足迹核算实操：生命周期影响评价

典型工作任务：

1）核算产品原材料获取阶段的碳排放。

2）核算产品生产阶段的碳排放。

3）核算产品分销阶段的碳排放。

4）核算产品使用阶段的碳排放。

5）核算产品生命末期阶段的碳排放。

任务 3.1　原材料获取阶段碳足迹

3.1.1　任务描述

乙醇生产企业 A 主营产品为变性燃料乙醇，其工厂生产系统由燃料乙醇的工艺生产装置、辅助生产设施、公用工程设施、储运设施和办公及生活服务设施组成。该公司变性燃料乙醇生产过程包括原料净化、粉碎及烘干、液化糖化、发酵、蒸馏和饲料工序等流程，具体流程如图 3-1-1 所示。

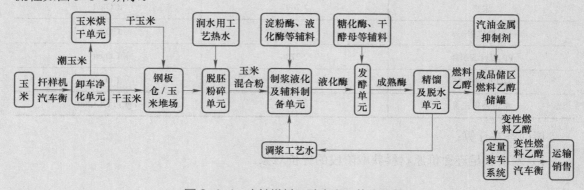

图 3-1-1　变性燃料乙醇生产工艺流程图

变性燃料乙醇是指体积分数达到 99.5% 以上的无水乙醇，以粮食、薯类、糖类或纤维素等为原料，经发酵、蒸馏、脱水制得，同时在预加工过程中还会加入硫酸、液碱、尿素和淀粉酶等辅料，原材料预加工后经过简单包装，在厂区内通过小型货车运输到产品加工工厂。根据企业 A 能源部统计，2022 年变性燃料乙醇的产量为 25.5 万 t，原辅料消耗量见表 3-1-1。厂区内小型货车消耗柴油，运输距离为 7km，2022 年全年消耗柴油为 480L。原材料的包装使用塑料编织袋、高密度聚乙烯塑料 HDPE 桶，2022 年消耗 580 个塑料编织袋（单个净重量为 5g）、740 个高密度聚乙烯塑料 HDPE 桶（单个净重量为 10g）。

表 3-1-1　原辅料消耗量

物料名称	消耗量 /t
玉米	394609.1340
小麦	5375.0000
水稻	465478.9950
硫酸	2634.8173
液碱	2117.1758
糖化酶	276.1800

通过查询 Agri-footprint 数据库、Ecoinvent 数据库获取到相关原材料碳足迹因子，汇总见表 3-1-2。

表 3-1-2　相关原材料碳足迹因子

项目	碳足迹因子	单位
玉米	0.3628	tCO_2e/t
小麦	0.4601	tCO_2e/t
水稻	0.9351	tCO_2e/t
硫酸	0.1150	tCO_2e/t
液碱	0.8765	tCO_2e/t
尿素	2.7697	tCO_2e/t
糖化酶	0.7070	tCO_2e/t
PP 塑料编织袋	2.2786	tCO_2e/t
HDPE 塑料桶	2.3145	tCO_2e/t
单位公里载重	0.0869	$kgCO_2e/t \cdot km$

请回答并计算：

1）本次碳足迹评价原材料获取阶段的评价对象。

2）本次碳足迹评价原材料获取阶段的评价范围。

3）1t 变性燃料乙醇在原材料获取阶段的碳足迹。

3.1.2 知识准备

一、原材料的定义与类型

原材料是指用于生产某种产品的初级和次级材料，在进行产品碳足迹核算时，原材料获取阶段通常包括原料、辅料和燃料获取的排放。

1）原料指生产产品过程中所需要的主要物质或成分，是产品生产阶段的基础材料。包括生产产品所需的主要物质，如金属、塑料、织物、玻璃等。在产品制造的不同阶段，这些原料会被加工、组装成最终的产品。

2）辅料是用于辅助生产或改良产品特性的物质，通常是产品生产过程中不直接添加到产品中的物质，包括添加剂、催化剂、填充剂等，在生产过程中起到辅助作用。例如，某一种特殊润滑剂、漂白剂、颜料等。

3）燃料是用于提供能量的可燃物质，应用于原材料的燃烧、运输生产等方面。例如运输原料消耗的石油制品等，燃料的使用会产生能源消耗和二氧化碳等温室气体排放。

二、原材料获取阶段的定义和过程

原材料获取阶段是从自然界提取资源开始，到产品部件到达被研究产品的生产设施的大门时终止。具体包括：

1）采矿与原材料或化石燃料的提取。

2）生物原材料的光合作用（如将二氧化碳从大气中清除）。

3）耕种与树木或谷物的收割。

4）化肥施用。

5）被研究产品的输入材料的预加工，例如：

① 木材破碎。

② 金属铸锭。

③ 煤炭清洗。

④ 循环再生材料的转换。

6）中间材料输入的预加工。

7）运到生产设施，以及在提取和预加工设施内部的运输。

三、原材料获取阶段应收集的数据

原材料获取阶段应收集的数据重点包括原辅料生产工艺、储存方式及各类别原材料的消耗量等信息：

1）原辅料生产工艺简介、生产工艺流程图、化学反应式。

2）生产原辅料车间的能源消耗量。

3）原辅料包装规格、材质的消耗量。

4）原辅料储存方式、储存车间能源消耗量、储存车间物料类别和数量。

5）原辅料运输涉及的交通工具、使用能源及交通里程等信息

① 原辅料运输交通方式及使用能源：包括铁路、公路、水运或航运等，及各交通工具使用的主要能源。

② 原辅料运输交通里程：原辅料从始发地到目的地的运输里程数。

四、原材料获取阶段的数据来源

活动水平数据来源主要可以从以下几个方式获取：

1）企业内部生产记录。

2）现场测量和监控。

3）上游供应商提供的数据。

4）能源消费账单。

原材料获取阶段碳足迹因子数据来源主要可以从以下几个方式获取：

1）行业标准和数据库。

2）专业咨询和认证机构。

3）政府公开数据。

五、原材料获取阶段的碳足迹计算公式

原材料获取阶段的碳足迹计算应包括原材料、原材料包装和原材料运输，见式（3-1-1）。

$$E_{原材料获取} = E_{原材料} + E_{原材料包装} + E_{原材料运输} \tag{3-1-1}$$

其中：

$$E_{原材料} = \sum_{i}^{n}（原材料\ i\ 活动水平数据 \times 原材料\ i\ 碳足迹因子） \tag{3-1-2}$$

$$E_{原材料包装} = \sum_{i}^{n}（原材料包装\,i活动水平数据×原材料包装i碳足迹因子\,）\qquad（3-1-3）$$

$$E_{原材料运输} = \sum_{i}^{n}（原材料运输交通工具i行驶里程数×交通工具i碳足迹因子）\qquad（3-1-4）$$

六、原材料获取阶段特殊温室气体排放量的处理：土地利用

原材料获取阶段特殊温室气体排放量主要是指由土地利用引起的温室气体排放，体现在两个方面：一是通过与农业和林业活动相关的关联过程的排放，如生长、化肥施用、耕种和收割。例如，大米耕种过程产生的甲烷排放，将包含在大米产品清单的原材料获取阶段中。二是与产品的原材料获取相关联的土地利用的变化，包括：

1）（土地）碳储量的变化引起的生物源二氧化碳的排放和清除，这种碳储量的变化是由土地利用方式在土地利用类别内或类别间的转换导致的。

2）因土地转换的准备工作，如焚烧生物质、施用石灰等引起的，生物源或非生物源二氧化碳、氧化亚氮和甲烷的排放。

3.1.3　任务实施

一、确定产品原材料获取阶段的碳足迹核算范围

碳足迹评价的第一步是确定碳足迹核算范围，其中包括确定碳足迹核算目标和对象、确定产品和功能单位、设定碳足迹核算边界。参考《温室气体　产品碳足迹　量化要求和指南》（ISO 14067：2018）、《商品和服务在生命周期内的温室气体排放评价规范》（PAS 2050：2011）、《温室气体核算体系：产品寿命周期核算与报告标准》（GHG Protocol）等产品碳足迹核算标准，确定评价预期用途、核算目标和对象，以及对应的产品功能单位。

四川汽车生产企业 B 的主营产品为汽车保险杠产品。为准确把握主要产品的碳排放现状，为企业减排提供数据支持，满足下游汽车供应商对碳排放的要求，现开展一款型号为 TF23×× 汽车保险杠的全生命周期产品碳足迹评价工作。

通过与企业 B 相关负责人沟通，并参考《商品和服务在生命周期内的温室气体排放评价规范》（PAS 2050：2011）、《温室气体核算体系：产品寿命周期核算与报告标准》（GHG Protocol）等产品碳足迹核算标准，设定本次碳足迹评价核算目标为型号为 TF23×× 汽车保险杠，功能单位为 1kg，核算范围为"摇篮－坟墓"。

二、清单分析

根据核算范围绘制产品流程图，针对每一阶段确定关联过程及涉及的物料等。在原材料获取阶段应梳理所有原辅料、包装和运输阶段涉及的物料。

四川汽车生产企业 B 生产的型号为 TF23×× 汽车保险杠，在原材料制备阶段是将保险杠所需原料从自然矿石或石油经开采、加工制造成为聚丙烯、聚甲醛、聚甲基丙烯酸甲酯等保险杠原材料。原材料制备完成后，需要从原料制备企业通过交通工具，运输到产品制造企业，主要生产流程图如图 3-1-2 所示。

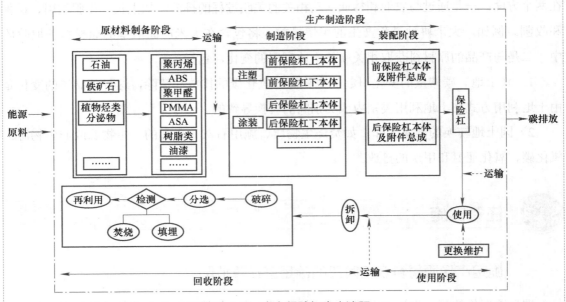

图 3-1-2　汽车保险杠生产流程

通过主要生产流程图明确原材料制备阶段的碳排放量来源有两部分：一是资源开采、资源加工等工序能源消耗产生的碳排放，二是制备成为原材料后运输到零部件制造企业因运输工具产生的碳排放量。包含物料见表 3-1-3。

表 3-1-3　原材料制备阶段涉及物料

阶段	物料名称
原材料制备阶段	丙烯
	甲醛
	甲基丙烯酸甲酯
	丙烯腈
	丁二烯
	苯乙烯
	丙烯酸酯
原材料运输阶段	柴油

三、收集活动水平数据，汇总碳足迹因子

本步骤中，重点需要收集原材料获取阶段原辅料、包装、运输等阶段涉及的活动水平数据，查询 GaBi 等官方数据库获取到碳足迹因子。

（1）收集汇总原材料获取阶段的活动水平数据　四川汽车生产企业 B 根据相关生产制造供应商提供的保险杠参数可得到保险杠各个零部件的重量、材料成分等生产信息，各零件在制造过程中，原料会有一定程度的损耗，根据企业官方数据原料损耗率为 3%，具体信息见表 3-1-4。

企业 B 汽车保险杠在原材料获取阶段的活动水平数据见表 3-1-7。原材料消耗量根据表 3-1-4 和表 3-1-5 进行计算得到。通过原料质量乘以成分占比得到每种材料的质量。原材料运输工具参数和距离以表 3-1-6 统计为准。

表 3-1-4　保险杠组件质量及组成材料信息

零部件名称	零部件质量 /kg	原料质量 /kg	材料名称
前保险杠本体	6.28	6.47	聚丙烯
前保险杠格栅	2.91	3.00	聚甲基丙烯酸甲酯 50%+ 工程塑料 50%
前保险杠侧支架	0.30	0.31	聚甲醛
雾灯盖板	1.00	1.03	聚甲基丙烯酸甲酯 50%+ 工程塑料 50%
雾灯盖板装饰条	0.07	0.07	改性树脂
后保险杠本体	7.09	7.30	聚丙烯
消声器装饰件	1.13	1.16	改性树脂

注：原材料消耗数据通过保险杠零部件质量和损耗率反推得到。

表 3-1-5　材料成分占比表

材料名称	成分名称	成分占比
聚丙烯	丙烯	100%
聚甲醛	甲醛	100%
聚甲基丙烯酸甲酯	甲基丙烯酸甲酯	100%
改性树脂	丙烯腈	30%
	丁二烯	20%
	苯乙烯	50%
工程塑料	丙烯酸酯	25%
	丙烯腈	35%
	苯乙烯	40%

企业 B 通过陆路汽车运输原材料，该运输车的尾气排放标准为国 Ⅵ 排放标准。

表 3-1-6　原料运输工具参数和距离

运输工具型号	百公里油耗 /（L/100km）	整车装载运输重量 /kg	排放标准	运输距离 /km
江铃重汽 HV5	18（柴油）	15000	国 VI	85

表 3-1-7　原材料的活动水平数据

材料名称	质量 /kg
丙烯	13.77
甲醛	0.31
甲基丙烯酸甲酯	2.02
丙烯腈	1.07
丁二烯	0.25
苯乙烯	1.42
丙烯酸酯	0.50

（2）原材料获取阶段原材料的碳足迹因子　通过查询 GaBi 数据库获取到各种材料在中国地区生产的碳足迹因子，见表 3-1-8。

表 3-1-8　原材料碳足迹因子

材料名称	碳足迹因子 /（kgCO$_2$e/kg）
丙烯	2.58
甲醛	3.66
甲基丙烯酸甲酯	3.81
丙烯腈	5.13
丁二烯	1.28
苯乙烯	1.93
丙烯酸酯	3.81

通过查阅 Ecoinvent 数据库获取单位公里载重的碳足迹因子为 0.0869kgCO$_2$e/t·km。

通过查阅《省级温室气体清单编制指南》和综合能耗计算通则，得到了各类能源的碳足迹因子，具体数据见表 3-1-9。

表 3-1-9 各类能源碳足迹因子

能源种类	单位	低位发热量 / (GJ/t, GJ/10⁴Nm³)	单位热值含碳量 / (tC/GJ)	碳氧化率 (%)
原油	t	41.816	0.02008	98
汽油	t	43.070	0.01890	98
柴油	t	42.652	0.02020	98
天然气	10⁴Nm³	389.310	0.01532	99

四、碳足迹评价计算

产品温室气体排放的计算通常采用如下方法：1）活动水平数据乘以该活动的碳足迹因子得出温室气体排放量，以产品每个功能单位温室气体排放量的形式计算。2）将具体的温室气体排放值乘以相应的 GWP 值，将温室气体数据换算为 CO_2e 的排放。3）与产品有关的碳存储 CO_2e，应当从相应的温室气体 CO_2e 中扣除。4）将各个活动所获得的每个功能单位 CO_2e 相加得到产品温室气体排放量。5）将温室气体排放按比例放大，来计算任何次要原料和次要活动，避免数据质量的不确定性。

原材料获取阶段碳足迹计算见式（3-1-1）：

$$E_{原材料获取}=E_{原材料}+E_{原材料包装}+E_{原材料运输} \tag{3-1-1}$$

其中：

$$E_{原材料}=\sum_{i}^{n}（原材料\,i\,活动水平数据×原材料\,i\,碳足迹因子） \tag{3-1-2}$$

$$E_{原材料包装}=\sum_{i}^{n}（原材料包装\,i\,活动水平数据×原材料包装\,i\,碳足迹因子）$$
$$\tag{3-1-3}$$

$$E_{原材料运输}=\sum_{i}^{n}（原材料运输交通工具\,i\,行驶里程数×交通工具\,i\,碳足迹因子）$$
$$\tag{3-1-4}$$

企业 B 在原材料获取阶段涉及原材料获取和原材料运输环节，因此需分别计算这两个环节的碳排放后汇总加和得到企业 B 在原材料获取阶段的碳足迹。

原材料获取环节：将表 3-1-7 和表 3-1-8 的数据代入式（3-1-2），计算结果见表 3-1-10。

表 3-1-10 原材料获取阶段碳足迹计算表

材料名称	A1: 质量 /kg	B1: 碳足迹因子 /（kgCO$_2$e/kg）	C1＝A1B1 碳排放量 /kgCO$_2$e
丙烯	13.77	2.58	35.53
甲醛	0.31	3.66	1.13
甲基丙烯酸甲酯	2.02	3.81	7.68
丙烯腈	1.07	5.13	5.51
丁二烯	0.25	1.28	0.31
苯乙烯	1.42	1.93	2.74
丙烯酸酯	0.5	3.81	1.92
总计			54.82

原材料运输阶段：企业 B 运输原材料的距离为 85km，使用柴油为燃料，代入式（3-1-4），计算结果见表 3-1-11。

表 3-1-11 原材料获取阶段运输环节碳足迹计算表

燃料	A2: 行驶里程数 /km	B2: 碳足迹因子 /（kgCO$_2$e/t·km）	C2＝A2B2 碳排放量 /kg CO$_2$e
柴油	85	0.0869	7.39

企业 B 原材料获取阶段碳足迹 ＝C1＋C2＝54.82＋7.39＝62.21kgCO$_2$e。

单位汽车保险杠生产所产生的碳排放量为 62.21kgCO$_2$e。

3.1.4 职业判断与业务操作

根据任务描述：

1）确定本次碳足迹评价原材料获取阶段的评价对象。

答：参考 ISO 14067：2018《温室气体 产品碳足迹 量化要求和指南》、PAS 2050：2011《商品和服务在生命周期内的温室气体排放评价规范》以及《食品、烟草及酒、饮料和精制茶温室气体排放核算方法与报告指南（试行）》等产品碳足迹标准，在经与企业 A 负责人沟通后确定本次碳足迹评价的对象为 1t 变性燃料乙醇。

2）确定本次碳足迹评价原材料获取阶段的评价范围。

答：以变性燃料乙醇作为评价对象，核算的时间边界从 2020 年 1 月 1 日至 2020 年 12 月 31 日，涵盖评价对象从原材料的获取到产品利用及产品最终处置的整个全生命周期。具体包括原辅料获取、原辅料运输、产品生产、产品包装、产品运输、产品利用及产品最终处置的全过程。

3）计算 1t 变性燃料乙醇在原材料获取阶段的碳足迹。

答：首先进行清单分析，工作组通过现场访谈以及查看相关资料，明确产品在原材料获取阶段所涉及的活动见表 3-1-12，包括：

① 原辅料、包装的获取，排放源为原料、辅料、包装材料生产过程导致的排放。

② 原辅料、包装运输至厂内，排放源包括运输车辆燃料消耗产生的排放。

表 3-1-12　变性燃料乙醇生产原材料获取阶段清单分析

物料	原辅料、包装获取	原辅料、包装运输
原料	玉米、小麦、水稻	—
辅料	辅料：硫酸、液碱、尿素、糖化酶	—
包装材料	塑料编织袋、高密度聚乙烯塑料 HDPE 桶	—
能源	—	柴油

根据企业 A 能源部生产加工表统计原辅料消耗量（表 3-1-1），以及通过查询 Agri-footprint 数据库、Ecoinvent 数据库获取到相关原材料碳足迹因子（表 3-1-2），代入式（3-1-1）至式（3-1-4）中，得到变性燃料乙醇产品碳足迹见表 3-1-13。

表 3-1-13　变性燃料乙醇产品碳足迹（基于 1t 产量）

环节	活动水平参数	A：活动水平数据（总量）	单位	B：碳足迹因子	单位	C=AB 碳排放量 /（tCO$_2$e/t）
原辅料获取	玉米	1614.3756	kg	0.3628	tCO$_2$e/t	0.5857
	小麦	21.9895	kg	0.4601	tCO$_2$e/t	0.0101
	水稻	1904.3095	kg	0.9351	tCO$_2$e/t	1.7807
	硫酸	10.7792	kg	0.1150	tCO$_2$e/t	0.0012
	液碱	8.66150	kg	0.8765	tCO$_2$e/t	0.0076
	尿素	3.5934	kg	2.7697	tCO$_2$e/t	0.0100
	糖化酶	1.1299	kg	0.7070	tCO$_2$e/t	0.0008
原辅料包装	塑料编织袋	2.9000	kg	2.2786	tCO$_2$e/t	0.0066
	高密度聚乙烯塑料 HDPE 桶	7.4000	kg	2.3145	tCO$_2$e/t	0.0171
原辅料运输	柴油	7	km	0.0869	kgCO$_2$e/t·km	0.0006
总计						2.4204

综上，变性燃料乙醇原材料获取及运输环节产品碳足迹为 2.4204tCO$_2$e/t。

任务 3.2 产品生产阶段碳足迹

3.2.1 任务描述

食品有限公司 C 主要生产销售玉米胚芽油，是中国最大的玉米胚芽油集中生产基地，产品涉及葵花籽油、橄榄油、花生油等健康油种。公司的玉米油精炼和小包装能力均达到了 30 万 t/ 年。

玉米胚芽油精炼主要工艺如下：以玉米毛油为原料，采用连续式工艺制取玉米胚芽油，其精炼过程包括脱胶、脱酸、脱蜡、脱臭等工序。图 3-2-1 所示为玉米胚芽油生产流程图。

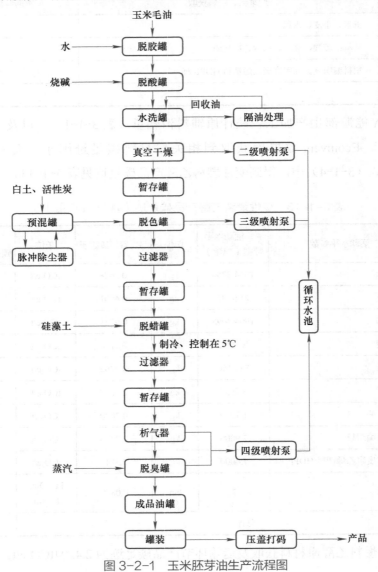

图 3-2-1 玉米胚芽油生产流程图

企业 C 生产部主要负责企业碳排放管理工作。根据 2022 年物料采购与消耗统计单，汇总相关数据见表 3-2-1。

表 3-2-1　1t 玉米胚芽油生产阶段物料消耗数据表

类别	物料名称	单位	数值
能耗	电力	kW·h	256.34
	天然气	m³	0.96
	新鲜水	kg	1050

通过查询 CLCD 数据库和 Ecoinvent 数据库中数据，汇总生产过程的碳足迹因子见表 3-2-2。

表 3-2-2　碳足迹因子

类别	碳足迹因子	单位
电力	0.5257	$kgCO_2e/kW·h$
天然气	2.1650	$kgCO_2e/Nm^3$
新鲜水	0.0450	$kgCO_2e/kg$

请回答：

1）1t 玉米胚芽油生产阶段的碳足迹核算范围。

2）1t 玉米胚芽油生产阶段碳足迹。

3.2.2　知识准备

一、产品生产阶段定义

产品生产阶段是指在产品的制造或生产过程中，从原材料转化为最终产品的所有活动和流程。这个阶段开始于原材料的进一步加工（如果原材料获取阶段没有完成全部加工的话），经过一系列的工艺流程、装配和质量控制，直至生产出符合规格和性能要求的成品。在产品生产阶段，企业会按照既定的生产工艺和技术要求，将各种原材料、零部件和半成品进行加工、组装、调试和检测，以确保最终产品的质量和性能。这一过程涉及多个工序和环节的协同工作，包括但不限于机械加工、焊接、装配、测试等。此外，产品生产阶段还包括生产设备的运行和维护，以及生产现场的管理和质量控制等活动。

在碳足迹核算中，产品生产阶段的碳排放主要来源于能源消耗（如电力、天然气、煤炭等）、化学反应过程中产生的温室气体以及生产过程中废弃物处理时产生的排放。

二、产品生产阶段涉及的单元过程

产品生产阶段从产品部件进入所研究产品的生产地点开始，到所研究产品完成生产，离开生产大门终止。这里的地点和大门是简化比喻，因为在作为完成产品离开生产阶段之前，产品可能要经过许多过程和相应的中间设施。与共生产品或对生产过程中所形成废弃物的处理相关的过程也可以包含在这个阶段中。关联过程的例子可以包括：

1）物理或化学过程。

2）制造。

3）制造过程中半成品的运输。

4）材料部件的组装。

5）分销准备，如：包装。

6）生产过程中产生废弃物的处理。

三、产品生产阶段应收集的数据

产品生产阶段应收集的数据重点包括企业产品生产月报表、原材料消耗、能源消耗、产品储存及废弃物处理等信息。

1）企业产品生产月报表包含能源、原辅料、产品、副产物、废弃物的消耗量或产生量数据。

2）生产待评价产品的原料列表及消耗量，包括公用工程、环保工程等物料消耗。

3）生产待评价产品的能源消耗量，包括耗电量、热力消耗量、天然气消耗量等。

4）待评价产品的包装规格、材质、消耗量。

5）用作原材料的含碳化合物的投入量与含碳产品产量以及其他含碳输出物产量。原材料、含碳产品或含碳输出物的含碳量 / 纯度检测报告以及每种物质的化学分子式（如有）。

6）以 CO_2 产品形式转移出去的回收利用量统计情况——外销的 CO_2 量统计台账、往外销售的 CO_2 的纯度、CO_2 销售记录。

7）待评价产品生产过程中废弃物产生量及其处理方式。

8）待评价产品的储存方式、储存车间能源消耗量、储存车间物料类别和数量。

9）物料（产品和原料）厂内运输的柴油、汽油、电力消耗量。

四、产品生产阶段的数据来源

产品生产阶段活动水平数据主要可以从以下几个方式获取：

1）企业内部生产记录。

2）现场测量和监控。

3）上游供应商提供的数据。

4）能源消费账单。

产品生产阶段碳足迹因子数据主要可以从以下几个方式获取：

1）行业标准和数据库。

2）专业咨询和认证机构。

3）政府公开数据。

五、产品生产阶段碳足迹的计算公式

产品生产阶段的碳足迹核算应包括能源消耗排放、半成品运输排放以及生产中的废弃物处理排放三部分，见式（3-2-1）。

$$E_{生产阶段} = E_{能源消耗} + E_{废弃物处理} + E_{半成品运输} \tag{3-2-1}$$

其中：

$$E_{能源消耗} = \sum_{i}^{n} （使用能源i活动水平数据 \times 能源i碳足迹因子） \tag{3-2-2}$$

$$E_{半成品运输} = \sum_{i}^{n} （运输交通工具i行驶里程数 \times 交通工具i碳足迹因子） \tag{3-2-3}$$

$$E_{废弃物处理} = E_{废水处理} + E_{固废处理} \tag{3-2-4}$$

其中废水处理的甲烷排放计算：

$$E_{废水处理} = E_{CH_4\_废水} GWP_{CH_4} \times 10^{-3} \tag{3-2-5}$$

式中　$E_{废水处理}$——废水处理过程产生的二氧化碳排放当量（tCO_2e）；

　　　GWP_{CH_4}——甲烷的全球变暖潜能值（GWP），根据 IPCC 气候变化报告最新报告取值，第六次评估数据为 27.8。

$$E_{CH_4\_废水} = (TOW - S) EF - R \tag{3-2-6}$$

式中　$E_{CH_4\_废水}$——废水处理过程甲烷排放量（kg）；

　　　TOW——废水处理去除的有机物总量（kg COD）；

　　　S——以污泥方式清除掉的有机物总量（kg COD）；

EF——甲烷碳足迹因子（kgCH$_4$/kg COD）；

R——甲烷回收量（kg 甲烷）。

$$TOW = W(COD_{in} - COD_{out}) \tag{3-2-7}$$

式中　W——废水处理过程产生的废水量（m^3），采用企业计量数据；

COD$_{in}$——废水处理系统进口废水中的化学需氧量浓度（kgCOD/m^3），采用企业检测值的平均值；

COD$_{out}$——废水处理系统出口废水中的化学需氧量浓度（kgCOD/m^3），采用企业检测值的平均值。

$$EF = Bo \times MCF \tag{3-2-8}$$

式中　Bo——废水处理系统的甲烷最大生产能力（kgCH$_4$/kg COD）；

MCF——甲烷修正因子，无量纲，表示不同处理和排放的途径或系统达到的甲烷最大生产能力（Bo）的程度，也反映了系统的厌氧程度。

$$E_{固废处理} = \sum_{i}^{n}（废弃物\ i产量数据 \times 废弃物 i碳足迹因子） \tag{3-2-9}$$

3.2.3 任务实施

一、确定产品生产阶段的核算范围

参考《温室气体　产品碳足迹　量化要求和指南》（ISO 14067：2018）、《商品和服务在生命周期内的温室气体排放评价规范》（PAS 2050：2011）、《温室气体核算体系：产品寿命周期核算与报告标准》（GHG Protocol）等产品碳足迹核算标准，确定评价预期用途、核算目标和对象，以及对应的产品功能单位。

耐火材料有限公司 D 创办于 1998 年，公司专业从事玻璃熔窑用熔铸锆刚玉耐火材料的生产制造，2023 年全年生产熔铸锆刚玉 10000t。

通过与企业 D 相关负责人沟通，并参考《商品和服务在生命周期内的温室气体排放评价规范》（PAS 2050：2011）、《温室气体核算体系：产品寿命周期核算与报告标准》（GHG Protocol）等产品碳足迹核算标准，设定本次碳足迹评价核算目标为熔铸锆刚玉，功能单位为 1t，核算范围为"摇篮－大门"。

二、清单分析

根据核算范围绘制产品流程图，针对每一阶段确定关联过程及涉及的物料等。在产品生产阶段应梳理所有能源消耗、过程排放和废弃物处理。

耐火材料有限公司 D 主营产品熔铸锆刚玉的主要生产工艺流程为：以精选锆英砂、碳素材料（石油焦）为原料，在电弧炉中熔炼、提纯氧化锆，去除其中二氧化硅（SiO_2）；将提纯的氧化锆和工业氧化铝粉，以及其他添加剂加入电弧炉中高温熔炼，进一步去除其中杂质，同时生成刚玉、斜锆石晶体的混溶体；将冷却的锆刚玉块通过颚式破碎机、雷蒙磨等设备粉碎、筛分成不同粒度的物料，经过水洗、烘干、包装等流程，制成不同粒度的锆刚玉成品。

原辅材料主要包括锆英砂、氧化铝粉、废刚玉砖、纯碱、石墨电极、水玻璃、固化剂。生产过程主要消耗的能源为电力和天然气。生产厂区内半成品的运输使用车载容量为 30t 的货运柴油车辆，行驶距离为 60km。在本环节中无过程排放及废弃物处理产生的排放。

产品生产阶段需要重点梳理生产过程和运输过程消耗的能源，企业 D 生产过程消耗的能源为电力和天然气，运输过程消耗的燃料为柴油，无过程排放及废弃物处理产生的排放。

三、收集活动水平数据，汇总碳足迹因子

本步骤中，重点需要收集产品生产阶段的能源消耗量、物理化学过程以及废弃物处理过程中涉及的活动水平数据。

（1）收集汇总产品生产阶段的活动水平数据   耐火材料有限公司 D 的主营产品熔铸锆刚玉生产过程能源消耗涉及电力、天然气的消耗，由生产部统计能源消耗量数据见表 3-2-3。生产厂区内半成品的运输由货运柴油汽车完成，平均运输距离为 60km。

表 3-2-3   电力和天然气消耗量

能耗种类	消耗量
电力	62853600kW・h
天然气	75000Nm³

根据上一步骤确定企业 D 2023 年全年生产熔铸锆刚玉 10000t。以此，计算出单位产品的能源消耗量见表 3-2-4。

表 3-2-4　单位产品能源消耗量

能耗种类	单位	用量
电力	kW·h/t	6285.36
天然气	Nm³/t	7.50

（2）获取产品生产阶段涉及数据的碳足迹因子　通过查询 GaBi 数据库获取到各种材料在中国地区生产的碳足迹因子，见表 3-2-5。

表 3-2-5　碳足迹因子汇总表

碳足迹因子	单位	数值	来源
电力-华中区域	$kgCO_2e/kW·h$	0.5257	2012 年华中区域电网平均二氧化碳碳足迹因子
天然气	$kgCO_2e/Nm^3$	2.1650	生态环境部
货运车辆（16～32t）	$kgCO_2e/t·km$	0.1665	Ecoinvent 3

四、碳足迹评价计算

根据式（3-2-1）～式（3-2-9）进行产品生产阶段的碳足迹计算，结果见表 3-2-6。

将上一步骤收集汇总的活动水平数据和碳足迹因子代入公式进行计算。

企业 D 产品生产阶段涉及两部分排放：能源消耗产生的排放和厂区内运输产生的排放。

表 3-2-6　产品生产阶段碳足迹计算表

环节	类别	单位产品的能源消耗量	单位	碳足迹因子	单位	排放量	单位
能源消耗	电力	6285.36	kW·h/t	0.5257	$kgCO_2e/kW·h$	3304.2138	$kgCO_2e/t$
	天然气	7.50	m³/t	2.1650	$kgCO_2e/Nm^3$	16.2375	$kgCO_2e/t$
运输	柴油	60	km/t	0.1665	$kgCO_2e/t·km$	9.9900	$kgCO_2e/t$
总计						3330.4413	$kgCO_2e/t$

所以 1t 熔铸锆刚玉生产阶段所产生的碳足迹为 3330.4413$kgCO_2e$。

3.2.4　职业判断与业务操作

根据任务描述：

1）确定 1t 玉米胚芽油生产阶段的碳足迹核算范围。

答：产品生产阶段的核算范围应包括物理化学过程、能源消耗、运输过程以及废弃物处理过程。

本案例中生产玉米胚芽油的系统边界属于"摇篮－大门"的类型，为了实现上述功能单位，玉米胚芽油产品的生产系统边界如图3-2-2所示。

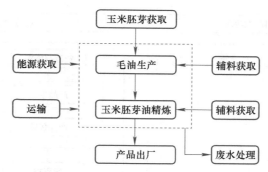

图3-2-2　玉米胚芽油的生产系统边界

因此，玉米胚芽油生产阶段的核算范围包括电力、天然气和新鲜水。

2）计算1t玉米胚芽油生产阶段碳足迹。

答：企业C生产部主要负责企业碳排放管理工作。将2022年原材料采购与消耗统计单中统计的能源消耗数据以及查阅CLCD数据库和Ecoinvent数据库获取到的碳足迹因子代入公式进行计算，结果见表3-2-7。

表3-2-7　产品生产阶段碳足迹表

类别	生产单位产品的能源消耗量	单位	碳足迹因子	单位	排放量	单位
电力	256.34	kW·h/t	0.5257	$kgCO_2e/kW·h$	134.7579	$kgCO_2e/t$
天然气	0.96	m^3/t	2.1650	$kgCO_2e/Nm^3$	2.0784	$kgCO_2e/t$
新鲜水	1050	kg/t	0.0450	$kgCO_2e/kg$	47.2500	$kgCO_2e/t$
总计					184.0863	$kgCO_2e/t$

产品生产阶段计算得到生产1t玉米胚芽油的碳足迹为184.0863 $kgCO_2e$。

任务3.3　产品分销阶段碳足迹

3.3.1　任务描述

化学生产企业E的主要产品为氢氧化钾，其主要是从含钾矿浆（主要原料：氯化钾）中通过浮选法进行生产，其他原辅材料包含电石、氯化钠等。经与企业E沟通确定本次碳足迹评价的对象为 1t 氢氧化钾，评价范围为"摇篮 – 大门"，即氢氧化钾生产的生命周期包含原材料的生产、运输、电解、蒸发等工序，能源使用、产品运输等单元过程，产品的使用和使用后废弃物的处理不在本研究的系统边界内。生产工艺流程如图 3-3-1 所示。

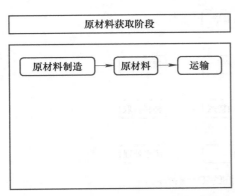
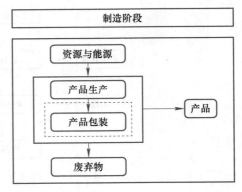

图 3-3-1 生产工艺流程图

企业 E 在产品生产之后使用汽车 A 专门运送成品至下游销售处。根据销售部数据统计，2023 年全年汽车 A 的行驶距离为 1392241km。

请计算：

1t 氢氧化钾在产品分销阶段的碳足迹。

3.3.2 知识准备

一、产品分销阶段的定义

产品分销阶段是指从所研究的产品离开生产设施大门开始，到经销商 / 消费者取得产品所有权时终止的完整过程。产品分销阶段一般包括产品运输和产品储存。一个产品可能存在几段运输和储存行程，如储存在多个分销中心和零售地点。

二、产品运输

在产品分销阶段，产品由公路、空运、水运、铁路或其他运输方式所产生的排放与清除应纳入碳足迹评价中。运输产生的温室气体排放，即产品运输方式所用燃料产生的温室气体排放。

产品生产完成后，通过不同的运输方式分销到下游销售中心。常见的分销运输方式有公路运输、铁路运输、航空运输和水路运输。

根据生态环境部环境规划院发布的《中国产品全生命周期温室气体排放系数集（2022）》，

典型产品运输方式的碳排放系数见表 3-3-1。

表 3-3-1　典型产品运输方式的碳排放系数

分类	碳排放系数 / （kgCO₂e / t·km）
道路交通（货运）平均	0.074
重型货车	0.049
中型货车	0.042
轻型货车	0.083
微型货车	0.120
航空（货运）平均	1.222
超大型飞机	1.286
大型飞机	0.969
中型飞机	1.164
小型飞机	1.467
铁路（货运）平均	0.007
内燃机列车	0.007
水运（货运）平均	0.012
杂货船	0.019
集装箱船	0.010
干散货船	0.007
多用途船	0.012

三、产品储存

产品分销阶段因产品储存所产生的排放与清除主要指与产品存储有关的环境控制（如制冷、供暖、湿度控制和其他环境控制）导致的温室气体排放。

四、产品分销阶段应收集的数据

1）每种运输方式的产品运输的数量和重量。

2）每种运输方式的能源消耗量，或其他可计算获得能源消耗量的数据（包括单位距离能源消耗量和运输距离、运输费用和能源单价等）。

3）每种运输方式的吨公里数。

4）产品储存方式。

5）每种储存方式的能源消耗情况，如用电量、供暖量、制冷量等。

五、产品分销阶段碳足迹计算公式

产品分销阶段碳足迹计算见式（3-3-1）。

$$E_{分销阶段} = E_{产品运输} + E_{产品储存} \tag{3-3-1}$$

其中：

$$E_{产品运输} = \sum_{i}^{n}（产品运输交通工具i行驶里程数 \times 交通工具i碳足迹因子）\tag{3-3-2}$$

$$E_{产品储存} = \sum_{i}^{n}（第i种储存方式能源活动水平数据 \times 能源i碳足迹因子）\tag{3-3-3}$$

3.3.3 任务实施

一、确定产品分销阶段的核算范围

参考《温室气体 产品碳足迹 量化要求和指南》（ISO 14067：2018）、《商品和服务在生命周期内的温室气体排放评价规范》（PAS 2050：2011）、《温室气体核算体系：产品寿命周期核算与报告标准》（GHG Protocol）等产品碳足迹核算标准，确定评价预期用途、核算目标和对象，以及对应的产品功能单位。

> 制造企业 F 是以天然石英砂为主营产品的企业。天然石英砂是一种非金属矿物质，其主要矿物成分是 SiO_2，由天然的石英矿石经粉碎、筛选、水洗等工艺加工而成。在其成品运输过程中，主要消耗电能、柴油和水。
>
> 参考《商品和服务在生命周期内的温室气体排放评价规范》（PAS 2050：2011）、《温室气体核算体系：产品寿命周期核算与报告标准》（GHG Protocol）等产品碳足迹核算标准，设定本次碳足迹评价核算目标为石英砂，功能单位为 1t，核算范围为"摇篮-大门"。

二、清单分析

根据核算范围绘制产品流程图，如图 3-3-2 所示。针对产品分销阶段确定关联过程及涉及的物料等。在产品分销阶段应梳理产品运输和产品储存过程的能源消耗情况。

> 企业 F 在生命周期核算范围内涉及原材料制备、产品生产、运输分销环节，无产品储存环节。企业 F 使用货运柴油汽车进行产品运输。

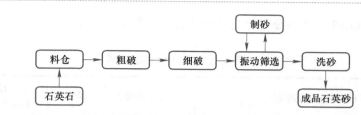

图 3-3-2　天然石英砂生产流程图

根据企业 F 的生产流程图，在产品运输分销阶段产生排放的环节为汽车运输过程中耗油带来的直接碳排放，涉及的物料为柴油。

三、收集活动水平数据，汇总碳足迹因子

本步骤中，重点需要收集产品分销阶段运输和储存等环节涉及的活动水平数据，查询 GaBi 等官方数据库获取到碳足迹因子。

（1）收集汇总产品分销阶段的活动水平数据　企业 F 对石英砂成品的运输方式为公路运输，运输用燃料为柴油，运输平均距离为 2063km，平均油耗为 596.4L，运输用货车的载重量为 40t。

计算运输 1t 石英砂需要消耗柴油的量等于平均油耗除以货车载重量，即运输 1t 石英砂需要消耗柴油 14.91L。

（2）获取汇总产品分销阶段的碳足迹因子　通过查阅 CLCD 数据库，获取柴油燃烧的碳足迹因子见表 3-3-2。

表 3-3-2　柴油燃烧温室气体排放系数

类别	碳足迹因子
柴油	$2.76kgCO_2e/L$

四、产品分销阶段碳足迹评价计算

根据式（3-3-1）～式（3-3-2），计算产品分销阶段的碳足迹。

根据式（3-3-1）和式（3-3-2）：

$$E_{分销阶段} = E_{产品运输} + E_{产品储存} \qquad (3\text{-}3\text{-}1)$$

其中：

$$E_{产品运输} = \sum_i^n（产品运输交通工具 i 行驶里程数 \times 交通工具 i 碳足迹因子）\qquad (3\text{-}3\text{-}2)$$

因企业 F 无产品储存过程，因此仅计算产品运输过程的碳足迹。

根据企业 F 相关部门的数据统计，运输 1t 石英砂需要消耗柴油 14.91L，柴油的碳足迹因子为 2.76kgCO₂e/L。产品分销阶段碳足迹计算结果见表 3-3-3。

表 3-3-3　产品分销阶段碳足迹计算结果

类别	A：单位产品的能源消耗量	单位	B：碳足迹因子	单位	C=AB 排放量	单位
柴油	14.91	L/t	2.76	kgCO₂e/L	41.15	kgCO₂e/t

企业 F 的 1t 石英砂在产品分销阶段的碳足迹为 41.15kgCO₂e。

3.3.4　职业判断与业务操作

根据任务描述，计算 1t 氢氧化钾在产品分销阶段的碳足迹。

答：产品分销阶段包括产品运输和产品储存环节。根据任务描述，企业 E 仅涉及产品运输环节，无产品储存环节。

根据企业 E 销售部数据统计，2023 年全年汽车 A 的行驶距离为 1392241km，查阅 Ecoinvent 数据库获取到碳足迹因子，代入式（3-3-1）和式（3-3-2）进行计算，结果见表 3-3-4。

表 3-3-4　产品分销阶段碳足迹计算表

环节	活动水平参数	A：活动水平数据（总量）	单位	B：碳足迹因子	单位	C=AB 碳排放量 /tCO₂e
产品运输	汽车	1392241	km	0.20911	kgCO₂e/km	291.13
总计						291.13

综上，企业 E 的 1t 氢氧化钾在产品分销阶段的碳足迹为 291.13tCO₂e。

任务 3.4　产品使用阶段碳足迹

3.4.1　任务描述

乙醇生产企业 A 总投资 11.22 亿元，主装置占地面积约 476 亩，主营产品为变性燃料乙醇。变性燃料乙醇是指体积分数达到 99.5% 以上的无水乙醇，以粮食、薯类、糖类或纤维素等为原料，经发酵、蒸馏、脱水制得，同时在预加工过程中还会加入硫酸、液碱、尿素和淀粉酶等辅料。

经与企业负责人沟通，本次碳足迹评价是针对变性燃料乙醇的全生命周期过程的 GHG（温室气体）排放的跟踪计算，即采用"摇篮－坟墓"的生命周期模式，具体包括原材料获取、原材料运输、产品生产、产品包装、产品运输、产品使用及产品最终处置的全过程。

在产品使用阶段主要排放源为产品中的化石燃料燃烧产生的排放，根据企业销售部统计数据，全年变性燃料乙醇的销售量为 25.5 万 t，碳足迹因子由企业内部化验室实测获得，为 2.92506 tCO$_2$e/t。

请计算：

企业 A 的 1t 变性燃料乙醇在产品使用阶段的碳足迹。

3.4.2　知识准备

一、产品使用阶段

使用阶段从消费者取得产品所有权时开始到产品被丢弃运输到废弃物处理地点时终止。使用阶段中的关联过程的类型和持续时间很大程度上取决于产品的功能和使用寿命。因耗能产品要执行其功能，所以使用阶段的关联过程及其相应的排放可能占整个生命周期影响的最大部分。例如：

1）运输到使用地点（如：消费者开车运输产品至其住所）。

2）在使用地点冷冻（如：在消费地点储存）。

3）准备使用（如：微波炉加热）。

4）使用（如：消耗能量）。

5）在使用期间发生的修理和保养。

二、产品使用阶段应收集以下数据

1）产品使用阶段主要消耗的能源。

2）产品使用时间与使用寿命。

3）与产品使用电力相关的 GHG 排放量。

三、产品使用阶段的数据来源

活动水平数据来源主要可以从以下几个方式获取：

1）现场测量和监控。

2）能源消费账单。

3）电力、热力计量器具统计。

碳足迹因子数据来源主要可以从以下几个方式获取：

1）行业标准和数据库。

2）专业咨询和认证机构。

3）政府公开数据。

4）企业实测值。

四、产品使用阶段的碳足迹计算公式

产品使用阶段的碳足迹核算应包括使用过程的能源消耗排放、产品在销售地点储存导致的排放以及消费者运输产品导致的排放，见式（3-4-1）。

$$E_{使用阶段} = E_{能源} + E_{储存} + E_{运输} \tag{3-4-1}$$

其中：

$$E_{能源} = \sum_{i}^{n}（第i种能源活动水平数据 \times 能源i碳足迹因子） \tag{3-4-2}$$

$$E_{储存} = \sum_{i}^{n}（因储存消耗的能源i活动水平数据 \times 能源i碳足迹因子） \tag{3-4-3}$$

$$E_{运输} = \sum_{i}^{n}（产品运输交通工具i行驶里程数 \times 交通工具i碳足迹因子） \tag{3-4-4}$$

3.4.3 任务实施

一、确定产品使用阶段的核算范围

参考《温室气体　产品碳足迹　量化要求和指南》（ISO 14067：2018）、《商品和服务在生命周期内的温室气体排放评价规范》（PAS 2050：2011）、《温室气体核算体系：产品寿命周期核算与报告标准》（GHG Protocol）等产品碳足迹核算标准，确定核算目标和对象、对应的产品功能单位以及产品使用阶段的核算范围。

轮胎生产企业 G 主要以轿车用轮胎和卡车用轮胎为主营产品，现针对型号为 195/65 R15 的 PCR（轿车用轮胎）开展轮胎产品使用阶段的碳足迹的计算与分析。

参考《商品和服务在生命周期内的温室气体排放评价规范》（PAS 2050：2011）、《温室气体核算体系：产品寿命周期核算与报告标准》（GHG Protocol）等产品碳足迹核算标准，设定本次碳足迹评价核算目标为 195/65 R15 的 PCR（轿车用轮胎），功能单位为一条轮胎，核算范围为"摇篮－坟墓"。

二、清单分析

根据核算范围绘制产品流程图，针对产品使用阶段确定关联过程及涉及的物料等。在产品使用阶段应梳理产品使用的能耗情况、运输情况以及储存和准备使用的情况。

根据上一步骤，梳理企业生产轮胎的全生命周期过程，如图 3-4-1 所示。轮胎全生命周期包括原材料调配、轮胎生产、轮胎流通、轮胎使用、轮胎的废弃及再利用五个部分。

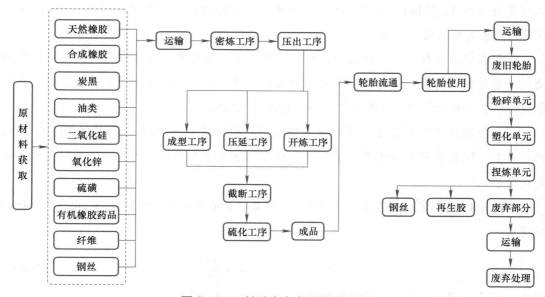

图 3-4-1　轮胎全生命周期过程图

其中轮胎使用阶段主要为消费者使用，即燃油消耗所产生的排放。根据调研，计算轮胎在使用阶段的排放量，方法为求出轮胎从安装到报废过程中，汽车行驶所产生的排放总量，再按轮胎对其贡献率进行计算。根据式（3-4-5）进行计算。

$$E_U = \frac{LAD_{U,f}EF_{U,f}\gamma}{N} \qquad (3\text{-}4\text{-}5)$$

式中　E_U——轮胎使用阶段的排放量（kgCO$_2$e）；

　　　L——轮胎寿命（km）；

　$AD_{U,f}$——车辆的油耗量（L/km）；

　$EF_{U,f}$——车辆燃油的 GHG 排放系数（kgCO$_2$e/L）；

　　　γ——轮胎的燃料贡献率；

　　　N——轮胎安装条数。

三、收集活动水平数据，汇总碳足迹因子

本步骤中，重点需要收集产品使用阶段涉及的活动水平数据，查询 GaBi 等官方数据库获取到碳足迹因子。

（1）收集汇总产品使用阶段的活动水平数据　根据式（3-4-5），收集车辆油耗量、轮胎寿命、轮胎燃料贡献率和轮胎安装条数等活动水平数据。

根据中国汽车技术研究中心资料显示，一般乘用车轮胎使用寿命为 3 ～ 5 年，行驶里程为 6 万 ～ 12 万 km。其中，PCR 平均寿命为 80000km，PCR 百公里油耗为 6.87L。乘用车轮胎安装条数为 4 条。

轮胎在使用阶段所产生的排放，为轮胎从安装到报废整个过程中汽车行驶所用燃油消耗产生的排放总量，按轮胎对其贡献率进行计算。由汽车轮胎协会数据知，在汽车轮胎使用的整个生命周期中，PCR 的燃料贡献率为 0.125。

（2）获取汇总产品使用阶段的碳足迹因子　根据式（3-4-5），获取车辆燃油 GHG 排放系数。PCR 应用于乘用车，乘用车一般以汽油为主要燃料，因此需要获取汽油的碳足迹因子。

参照《IPCC 国家温室气体清单指南》中核算化石能源消耗的计算方法，由式（3-4-6）求得：

$$EF_i = NVC_i CC_i OF_i \times \frac{44}{12} \tag{3-4-6}$$

式中　EF_i——第 i 种化石能源的排放系数（tCO$_2$e/t、万 m^3）；

　NVC_i——第 i 种化石能源的低位发热量（GJ/t、万 m^3）；

　CC_i——第 i 种化石能源的单位热值含碳量（tC/GJ）；

　OF_i——第 i 种化石能源的碳氧化率（%）；

　$\dfrac{44}{12}$——碳转化 CO$_2$ 的系数。

其中，化石能源的低位发热量参照《中国能源统计年鉴》以及《中国温室气体研究

清单》，能源的单位热值含碳量以《IPCC 国家温室气体清单指南》为主，能源碳氧化率以《省级温室气体清单编制指南》为依据，见表 3-4-1。

表 3-4-1　主要排放参数

能源品种	低位发热量 /（GJ/t）	单位热值含碳量 /（tC/GJ）	碳氧化率（%）	排放系数 /（tCO₂e/t）
汽油	43.070	18.9	98	2.925

四、产品使用阶段碳足迹评价计算

根据式（3-4-1）～式（3-4-6），计算产品使用阶段的碳足迹。

根据上述步骤，汇总相关计算参数，详见表 3-4-2。

表 3-4-2　产品使用阶段参数汇总表

参数名称	单位	数值	说明
轮胎寿命	km	80000	中国汽车研究中心
车辆油耗	L/100km	6.87	中国汽车研究中心
轮胎的燃料贡献率	—	0.125	汽车轮胎协会
安装条数	—	4	实际情况
燃料类别	—	汽油	1L 汽油 =0.735kg
燃料排放系数	kgCO₂e/kg	2.925	1L 汽油 =0.735kg

将上述参数代入式（3-4-5）中，计算轮胎使用阶段的碳足迹，见表 3-4-3。

表 3-4-3　轮胎使用阶段碳足迹计算表

项目名称	轮胎寿命 /km	汽车油耗 /L	排放系数 /（kgCO₂e/kg）	排放量 /kgCO₂e
PCR	80000	6.87	2.925	369.2410

因此，一条 PCR 在使用阶段的碳足迹为 369.2410kgCO₂e。

3.4.4　职业判断与业务操作

根据任务描述，计算企业 A 的 1t 变性燃料乙醇在产品使用阶段的碳足迹。

答：企业 A 在产品使用阶段的排放源为产品中的化石燃料燃烧产生的排放，根据企业销售部统计数据，全年变性燃料乙醇的销售量为 25.5 万 t，碳足迹因子由企业内部化验室实测获得，为 2.92506 tCO₂e/t。企业 A 在产品使用阶段仅涉及能源消耗产生的排放，因此根据式（3-4-1）和式（3-4-2）计算企业 A 在产品使用阶段的碳足迹，见表 3-4-4。

表 3-4-4　产品使用阶段碳足迹计算表

环节	活动水平参数	A：活动水平数据（总量）	单位	B：碳足迹系数	单位	C=AB 碳排放量/tCO₂e
产品使用	变性燃料乙醇	255000	t	2.92506	tCO₂e/t	745890.3
总计						745890.3

因此 1t 变性燃料乙醇在产品使用阶段的碳足迹为 745890.3tCO₂e。

任务 3.5　生命末期阶段碳足迹

3.5.1　任务描述

纸板生产企业 H 是以进口和国产废纸为主要原料，主要产品为箱纸板，年产量 30 万 t。根据造纸产品的特点，选择 1000kg 箱纸板产品作为功能单位。制浆系统采用国外引进的废旧箱纸板（OCC）制浆生产线，配备了大型水力碎浆机、高浓碎浆机、废纸脱墨系统、热分散设备、大直径盘磨机。纸机为幅宽 4.6m，车速为 600m/min 的三叠网多缸高速纸机。制浆、造纸全流程实现 DCS（分布式控制系统）和 QCS（质量控制系统）控制。污水处理系统采用物化加生化处理工艺，污水日处理能力达到 30000t，污水排放口安装有 COD 在线检测仪，经环保部门检测污水排放均达到国家排放标准。

该公司生产的主要原料是废旧箱纸板（OCC），来源地主要是国内废纸，少量使用美国废纸和欧洲废纸。工艺流程如下：OCC 通过水力碎浆机进行碎解后，经过筛选、纤维分级、净化、热分散等过程处理后形成废纸浆。废纸浆经过打浆、配浆、净化后送入纸机，在纸机上经过网部成形、脱水、压榨、干燥、表面施胶等过程抄造成箱纸板，再经过复卷、分切、包装，形成箱纸板成品。每生产 1000kg 箱纸板排放的纤维性废渣为 18.8kg，耗电 280kW·h，耗汽 4.4GJ。废水处理过程中采用了厌氧处理，产生的 CH₄ 未收集。根据企业提供的数据，进行厌氧处理前 COD 浓度为 1500～1600mg/L，每吨纸产生的废水量为 10.1m³。

废水处理工艺：废水主要来源于废纸制浆和抄纸产生的废水。废水经过格栅拦截大块的废弃物，然后通过斜网过滤废水中的纤维，再通过高效一体净化器进行澄清处理，澄清后部分清水回用，余下的废水进入调节池调节 pH，然后依次进行厌氧和好氧处理，最后进入沉淀池澄清后达标排放。排放浓度 COD 小于 80mg/L。废水处理的流程如图 3-5-1 所示。

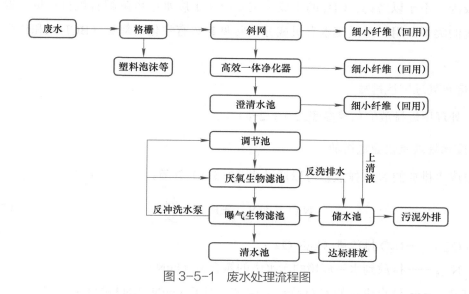

图 3-5-1　废水处理流程图

请计算：

企业 H 在生命末期阶段的碳足迹。

3.5.2　知识准备

一、生命末期阶段

生命末期阶段从使用过的产品被消费者丢弃开始，到产品返回自然界（例如，焚烧）或被分配到另一种产品的生命周期中（例如，再生利用）结束。由于在生命末期阶段主要的关联过程是使用填埋、焚烧等方法处理产品，企业需要了解或假设产品的结局以描绘这一阶段。例如：

1）运输生命终止的产品和包装。

2）废弃物管理。

3）拆解部件。

4）破碎和分类拣选。

5）焚烧及底灰的分类拣选。

6）填埋及填埋地的维护。

二、废水处理过程的排放

废水经厌氧处理，便会造成 CH_4 排放，同时产生 N_2O。废水处理过程中 CO_2 的排放是生物成因，不予以考虑。CH_4 的生成量主要取决于废水中可降解有机材料量、温度以及处理系统的类型。用于测量废水有机成分的常见参数有生化需氧量（BOD）和化学需氧量（COD）。

1. 废水处理甲烷排放

废水处理甲烷排放的估算参照式（3-2-6）。

2. 废水处理氧化亚氮排放

源自废水排放的 N_2O 排放量可以通过式（3-5-1）计算：

$$N_2O_{排放} = N_{污水} EF_{污水} \times \frac{44}{28} \qquad (3-5-1)$$

式中　$N_2O_{排放}$——N_2O 排放量（kgN_2O）；

　　　　$N_{污水}$——排放到水生环境的污水中的氮含量（kgN）；

　　　　$EF_{污水}$——源自废水的 N_2O 排放的碳足迹因子（kgN_2O-N/kgN）；

　　　　$\frac{44}{28}$——kgN_2O-N 到 kgN_2O 的转化。

三、固体废弃物处理过程的排放

固体废弃物处理过程的排放估算参照式（3-2-9）。

3.5.3　任务实施

一、确定产品生命末期阶段的核算范围

参考《温室气体　产品碳足迹　量化要求和指南》（ISO 14067：2018）、《商品和服务在生命周期内的温室气体排放评价规范》（PAS 2050：2011）、《温室气体核算体系：产品寿命周期核算与报告标准》（GHG Protocol）等产品碳足迹核算标准，确定核算目标和对象、对应的产品功能单位以及产品生命末期阶段的核算范围。

轮胎生产企业 G 主要以轿车用轮胎和卡车用轮胎为主营产品，现针对型号为 195/65 R15 的 PCR（轿车用轮胎）开展轮胎生命末期阶段的碳足迹计算与分析。

当轮胎在废旧之后，需要对轮胎进行废弃处理，轮胎生产企业G在轮胎的废弃处理阶段（生命末期阶段）的处理方式为采用机械粉碎成胶粉的方式。工艺流程如下：通常采用常温连续粉碎法，经过粗、细两道工序将胶粉粉碎，对轮胎进行切割，并分离出钢丝，之后进行轮胎破碎和磁选分离等工序。生产的胶粉主要应用于生产沥青等复合材料，或者应用于铺设塑胶跑道、隔音板，生产再生胶等领域。

参考《商品和服务在生命周期内的温室气体排放评价规范》（PAS 2050：2011）、《温室气体核算体系：产品寿命周期核算与报告标准》（GHG Protocol）等产品碳足迹核算标准，设定本次碳足迹评价核算目标为PCR，功能单位为1t，核算范围为"摇篮－坟墓"，包括轮胎生产阶段、运输阶段、使用阶段和最后废弃物处理阶段。

二、清单分析

根据核算范围绘制产品流程图，针对产品生命末期阶段确定核算范围及涉及的物料等。在产品生命末期阶段应明确废弃物的种类、处理方式和相关数据。

在废弃物的处理过程当中，主要的碳排放由机械粉碎过程消耗的能源造成，用于粉碎的机械主要是使用电力作为能量源。

三、收集活动水平数据，汇总碳足迹因子

本步骤中，重点需要收集产品生命末期阶段由于废弃物处理导致碳排放的活动水平数据，查询GaBi等官方数据库获取到碳足迹因子。

（1）收集汇总产品生命末期阶段的活动水平数据　在废弃物的处理过程当中，主要的碳排放由机械粉碎过程消耗的能源造成，用于粉碎的机械主要是使用电力作为能量源。根据轮胎生产企业G相关部门统计，全年处理废弃轮胎6500t，消耗电力617500kW·h，见表3-5-1。

表3-5-1　生命末期阶段活动水平数据汇总表

所属环节	活动水平参数	活动水平数据	单位	数据来源
生命末期阶段	电力	617500	kW·h	数据来自《废弃物数据统计表》《2022年能源消耗统计表》

（2）获取汇总产品生命末期阶段的碳足迹因子　通过查阅CLCD数据库，获取生命末期阶段的碳足迹因子，见表3-5-2。

表 3-5-2　生命末期阶段碳足迹因子汇总表

类别		碳足迹因子	单位	数据来源
生命末期阶段	电力	0.5257	$kgCO_2e/kW \cdot h$	CLCD

四、产品生命末期阶段碳足迹评价计算

根据式（3-5-1），计算产品生命末期阶段的碳足迹。

轮胎生产企业 G 在产品生命末期阶段主要废弃物的处理方式是机械粉碎处理，根据上述步骤确定活动水平数据和碳足迹因子，计算产品生命末期阶段的碳足迹，见表 3-5-3。

表 3-5-3　生命末期阶段碳足迹计算表

所属环节	活动水平参数	A：活动水平数据	单位	B：碳足迹因子	单位	C=AB 碳排放量 /$kgCO_2e$
废弃物处理	电力	617500	$kW \cdot h$	0.5257	$kgCO_2e/kW \cdot h$	324619.75

因此轮胎生产企业 G 的 1 吨 PCR 在生命末期阶段的碳足迹为 324619.75÷6500=49.94$kgCO_2e$。

3.5.4　职业判断与业务操作

根据任务描述，计算企业 H 在生命末期阶段的碳足迹。

答：企业 H 的碳足迹核算范围包括废水处理过程的碳排放和固体废弃物处理产生的碳排放，以 1t 箱纸板产品作为功能单位。

1. 废水处理过程的碳排放

（1）CH_4 排放　废水处理过程中采用了厌氧处理，产生的 CH_4 未收集。根据式（3-2-6）计算得到 CH_4 产生量：$1.79 \times 27.8 = 49.762 kgCO_2e/t$。由于以污泥方式清除的有机成分数据无法获取，这里假设为 0。企业未对产生的 CH_4 进行收集利用，因此回收的 CH_4 量 R 也为 0。

（2）N_2O 排放　根据式（3-5-3）计算得到处理 1t 箱纸板产生的废水 N_2O 排放为 $1.37 \times 10^{-5} kg$，相当于 $0.004 kgCO_2e$。

由上可知，污水处理产生的温室气体排放为 $49.766 kgCO_2e/t$。

2. 固体废弃物处理过程的碳排放

生产过程中产生的固体废弃物抄造纸纤维废渣处理过程的碳排放量见表 3-5-4，为 156.722 $kgCO_2e/t$。

表 3-5-4　生命末期阶段碳足迹计算表

类别	生产单位产品的能源消耗量	单位	碳足迹因子	单位	排放量	单位
电力	280	kW·h/t	0.5257	$kgCO_2e/kW·h$	147.196	$kgCO_2e/t$
天然气	4.4	GJ/t	2.1650	$kgCO_2e/Nm^3$	9.526	$kgCO_2e/t$
总计					156.722	$kgCO_2e/t$

综上：产品生命末期阶段产品碳足迹为 $49.766 + 156.722 = 206.488$ $kgCO_2e/t$。

项目 4

产品碳足迹核算实操：生命周期影响解释与碳足迹报告编制

任务 4.1 重大问题识别

4.1.1 任务描述

绵阳化工是一家催化剂产品生产企业，拥有 3 个生产车间、1 个辅助动力车间及 1 个分析评价车间，共有 6 套聚烯烃催化剂生产装置、1 套聚丙烯催化剂载体生产装置，以及相应配套公用工程、现代化分析检测仪器和环保治理设施，催化剂产能达到 700 万 t/ 年。通过生命周期分析和数据收集计算，企业 2022 年生产 2.5 万 t 某型号的聚乙烯催化剂产品，对应的原材料运输、产品生产、产品包装、废弃物处理、产品运输环节温室气体排放分别为 $23000kgCO_2e$、$1980000kgCO_2e$、$3kgCO_2e$、$200kgCO_2e$、$6000kgCO_2e$；产品生产阶段对应的原料、能耗、辅料碳排放量分别为 $376000kgCO_2e$、$1400000kgCO_2e$、$204000kgCO_2e$。

根据上述信息

1）分析该聚乙烯催化剂产品各生命周期阶段碳排放。

2）分析该聚乙烯催化剂产品生产阶段碳排放。

4.1.2 知识准备

一、重大问题识别的概念

重大问题识别是指按照产品碳足迹研究的目的和范围，对生命周期清单分析和生命周期影响评价的产品碳足迹和部分产品碳足迹的量化结果进行组织，识别出整个产品生命周期中可能对碳排放量产生重大影响的环节和因素。这些环节和因素可能包括原材料采购、生产过程、运输和配送、产品使用阶段以及废弃处理等。

开展重大问题识别，可以确定哪些环节对产品的碳排放贡献最大，可以帮助企业确定在整个产品生命周期中可能存在的碳排放重点和关键环节，有助于企业或组织更有针对性地制定减排措施，提高减排效果，从而更有效地降低产品的碳足迹。

常见的重大问题包括温室气体类型、碳排放清单数据、生命周期各阶段对生命周期清单分析和生命周期影响评价结果的主要贡献等。

二、重大问题识别的方法

1. 组织方法

重点问题的确定基于所组织的信息，根据研究的目的和范围可运用不同的组织方法，采用组织方法有可能对各个影响类型进行更详尽的检查。常用的组织方法包括：

1）生命周期阶段区分法：例如原材料生产、产品的制造、使用、再生利用和废物处理。

2）过程组区分法：例如运输、能源供给等。

3）过程组的管理影响程度区分法：例如变化和改进可被控制的内部过程，外部职责；例如国家能源政策、供方的特定边界条件等所确定的过程。

4）单元过程区分法：最细化的分解层次。

2. 分析方法

贡献分析：分析生命周期各阶段（表 4-1-1、表 4-1-2）或过程组（表 4-1-3）对总体结果的贡献，例如以百分比表示对总体结果的贡献。

表 4-1-1　生命周期各阶段的输入/输出百分比贡献示例

LCI 输入/输出	原材料生产（%）	制造过程（%）	使用阶段（%）	其他（%）	合计（%）
硬煤	69.6	1.5	28.9	—	100
CO_2	66.7	1.5	29.6	2.2	100

表 4-1-2　生命周期各阶段类型参数结果（GWP100）的百分比架构

GWP100 的来源	原材料生产（%）	制造过程（%）	使用阶段（%）	其他（%）	总 GWP（%）
CO_2	5.8	2	20.9	2.3	31.9
CO	0.3	1.1	1.7	0.3	3.4
CH_4	8.7	0.6	1.2	1.8	12.3
N_2O	17.4	1.2	1.8	0.6	21

（续）

GWP100 的来源	原材料生产（%）	制造过程（%）	使用阶段（%）	其他（%）	总 GWP（%）
CF_4	22.1	2.9	—	—	25.0
其他	2.4	1.7	1.4	0.9	6.4
合计	56.7	10.4	27	5.9	100

表 4-1-3　按过程组分类的结构矩阵

LCI 输入 / 输出	能量供给 /kg	运输 /kg	其他 /kg	合计 /kg
硬煤	1500	75	150	1725
CO_2	5500	1000	250	6750

优势分析：应用统计工具或其他技术，例如定性或定量排列，以分析显著的或重大的贡献，见表 4-1-4；可通过特定的排列程序或目的和范围中预先确定的规则将这些结果排列并确定其优先次序，如根据下列排列准则进行排序：A：最重要，有重大影响，即贡献率 >50%；B：非常重要，有相关影响，即 25%< 贡献率 <50%；C：较重要，有一些影响，即 10%< 贡献率 <25%；D：较不重要，有较小影响，即 2.5%< 贡献率 <10%；E：不重要，影响可以忽略，即贡献率 <2.5%

表 4-1-4　生命周期各阶段 LCI 输入 / 输出的排列

LCI 输入 / 输出	原材料生产	制造过程	使用阶段	其他	合计 /kg
硬煤	A	E	B	—	1725
CO_2	A	E	B	E	6750

影响分析：分析影响环境问题的可能性，可根据 A：有效控制，可能有大的改进；B：一般控制，可能有某些改进；C：无控制，进行影响程度的表达，见表 4-1-5。

表 4-1-5　各过程组的 LCI 输入 / 输出影响程度排列

LCI 输入 / 输出	网电	现场能量供给	运输	其他	合计 /kg
硬煤	C	A	B	B	1725
CO_2	C	A	B	A	6750

异常分析：根据以前的经验，观察对预期或正常结果的反常偏离。从而可进行后续检查并指导改进评价。这种异常和非预期的结果标识如下：●：非预期结果，例如贡献太大或太小；#：异常结果，例如在预想无排放处发生了一定量的排放；○：无注释，异常结果可以表示计算或数据传送中的误差，因而宜予以认真考虑。在形成结论之前应对 LCI 或 LCIA（生命周期清单分析）结果进行检查，非预期结果也宜重新考虑并检查，见表 4-1-6。

表 4-1-6　各过程组的 LCI 输入 / 输出异常和非预期结果的标识

LCI 输入 / 输出	网电	现场能量供给	运输	其他	合计 /kg
硬煤	○	○	●	○	1725
CO_2	○	○	●	○	6750

4.1.3 任务实施

马鞍山某住宅小区项目，规划用地面积 3.12 万 m^2，居住户数为 494 户，总居住人口为 1580 人，总建筑面积 6.53 万 m^2，其中包括 1 栋多层建筑，5 栋中高层建筑，4 栋高层建筑，建筑面积 55339m^2，主要采用钢筋混凝土框架剪力墙结构；地下车库建筑面积 9924m^2。基于对住宅建筑建材和产品生产、运输、建筑施工、装饰装修、运行、拆除与处理六个阶段生命周期碳排放核算的结果，该住宅小区在 50 年的使用过程中，材料生产、材料运输、施工、装饰装修、运行、拆除与处理各阶段每平方米建筑面积二氧化碳排放量分别为 582.23kg/m^2、0.79kg/m^2、53.99kg/m^2、60.15kg/m^2、2420.76kg/m^2、48.10kg/m^2。由于各种原因，若建筑拆除时的使用年限并没有达到 50 年，则该小区建筑寿命分别在 10 年、20 年、30 年及 40 年时，其运行阶段的单位面积排放量分别为 575.24kg/m^2、1159.39kg/m^2、1543.55kg/m^2、2027.70kg/m^2。

一、确定组织方法，汇总数据

根据研究的目的和范围，运用恰当的组织方法，通过二维矩阵，对各个影响类型进行详尽分析，并汇总、填写相关的数据。

马鞍山某住宅小区 10 年、20 年、30 年、40 年、50 年生命周期各阶段单位面积二氧化碳排放情况见表 4-1-7：

表 4-1-7　马鞍山某住宅小区不同年份生命周期各阶段单位面积二氧化碳排放情况

阶段	10 年 /（kg/m^2）	20 年 /（kg/m^2）	30 年 /（kg/m^2）	40 年 /（kg/m^2）	50 年 /（kg/m^2）
材料生产阶段	582.23	582.23	582.23	582.23	582.23
材料运输阶段	0.79	0.79	0.79	0.79	0.79
施工阶段	53.99	53.99	53.99	53.99	53.99
装饰装修阶段	60.15	60.15	60.15	60.15	60.15
运行阶段	575.24	1159.39	1543.55	2027.7	2420.76
拆除与处理阶段	48.10	48.10	48.10	48.10	48.10

二、依据详尽要求，分析数据

根据研究的目的和范围以及所要求的详尽程度，选择贡献分析、优势分析、影响分析、异常分析等中的一种或多种方法，将温室气体排放数据转化为百分比、进行定向或定量排列等处理。

马鞍山某住宅小区10年、20年、30年、40年、50年生命周期各阶段二氧化碳排放比例见表4-1-8：

表4-1-8　马鞍山某住宅小区不同年份生命周期各阶段二氧化碳排放比例

阶段	10年	20年	30年	40年	50年
材料生产阶段	44.09%	30.57%	25.44%	21.00%	18.39%
材料运输阶段	0.06%	0.04%	0.03%	0.03%	0.02%
施工阶段	4.09%	2.83%	2.36%	1.95%	1.71%
装饰装修阶段	4.56%	3.16%	2.63%	2.17%	1.90%
运行阶段	43.56%	60.87%	67.44%	73.12%	76.46%
拆除与处理阶段	3.64%	2.53%	2.10%	1.73%	1.52%
合计	100.00%	100.00%	100.00%	100.00%	100.00%
合计（kg/m²）	1320.50	1904.65	2288.81	2772.96	3166.02
年均排放 [kg/（m²·a）]	132.05	95.23	76.29	69.32	63.32

三、绘制分析图形，得出结论

依据分析结果，按需要绘制柱状图、饼状图或折线图等，通过图形直观展示碳排放情况，并分析得出主要结论。

如图4-1-1所示，该住宅小区在50年的使用过程中，每平方米建筑面积每年的二氧化碳排放总量为63.32kg。六个阶段中，运行阶段的排放所占比例最大为76.46%，该阶段包含了使用过程中建筑维护产生的排放；其次为材料生产阶段18.39%，装饰装修阶段为1.90%，施工阶段为1.71%，拆除与处理阶段为1.52%；由于材料运输阶段仅包括施工阶段所消耗建材的运输，因此所占比例较小为0.02%。

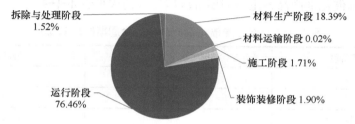

图4-1-1　马鞍山某住宅小区50年使用过程各阶段二氧化碳排放比例

从全生命周期的角度分析，运行阶段的单位面积二氧化碳排放总量随着住宅建筑使用寿命的降低而减少，但是运行阶段单位面积平均每年的二氧化碳排放量却逐渐增加。

图 4-1-2 所示为马鞍山某住宅小区单位面积每年二氧化碳排放量。

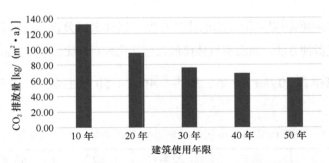

图 4-1-2   马鞍山某住宅小区单位面积每年二氧化碳排放量

随着建筑使用年限的减少，运行阶段的二氧化碳排放比例不断减少，但其他阶段的排放比例都在增加。图 4-1-3 所示为马鞍山某住宅小区全生命周期各阶段排放构成。

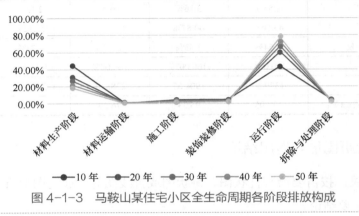

图 4-1-3   马鞍山某住宅小区全生命周期各阶段排放构成

4.1.4   职业判断与业务操作

根据任务描述，分析该聚乙烯催化剂产品各生命周期环节碳排放和产品生产环节碳排放。

1）分析该聚乙烯催化剂产品各生命周期阶段碳排放。

答：该聚乙烯催化剂产品各生命周期阶段碳排放构成见表 4-1-9。

表 4-1-9   聚乙烯催化剂产品各生命周期阶段碳排放

生命周期各阶段	碳排放量 /kgCO₂e	碳排放比例
原材料运输	23000	1.14%
产品生产	1980000	98.55%
产品包装	3	0.00%
废弃物处理	200	0.01%
产品运输	6000	0.30%
总碳排放	2009203	100.00%

各阶段所占比例如图 4-1-4 所示：

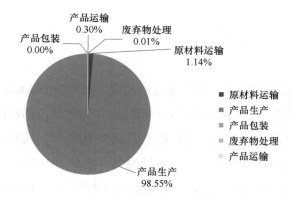

图 4-1-4　聚乙烯催化剂产品生命周期环节各阶段碳排放占比

由表 4-1-9 和图 4-1-4 可知，该聚乙烯催化剂产品碳足迹构成大小为：产品生产 > 原材料运输 > 产品运输 > 废弃物处理 > 产品包装。

2）分析该聚乙烯催化剂产品生产阶段碳排放。

答：聚乙烯催化剂产品生产阶段碳排放的构成如表 4-1-10 和图 4-1-5 所示。

表 4-1-10　聚乙烯催化剂产品生产阶段碳排放构成表

类别	碳排放量 /kgCO$_2$e	碳排放比例
原料	376000	19.00%
能耗	1400000	70.70%
辅料	204000	10.30%
总碳排放	1980000	100.00%

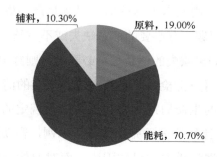

图 4-1-5　聚乙烯催化剂产品生产阶段碳排放构成图

任务 4.2 完整性、敏感性分析和一致性检查

4.2.1 任务描述

现有某聚乙烯催化剂产品，其 2021 年度产品碳足迹为 2010000kgCO₂e。

生产过程中消耗的蒸汽、电力、材料 A 和材料 B 对该聚乙烯产品的总碳足迹贡献比例较大。经测算，当该产品生产过程中消耗的蒸汽减少 10% 时，其对应的产品碳足迹将变化为 1904000kgCO₂e；当该产品生产过程中消耗的电力减少 10% 时，其对应的产品碳足迹将变化为 1978000kgCO₂e；当该产品生产过程中消耗的材料 A 减少 10% 时，其对应的产品碳足迹将变化为 1991000kgCO₂e；当该产品生产过程中消耗的原材料 B 减少 10% 时，其对应的产品碳足迹将变化为 1996000kgCO₂e。

请结合以上信息，对该聚乙烯催化剂产品的碳足迹进行敏感性分析。

4.2.2 知识准备

评估旨在建立并增强研究结果的可信性和可靠性，通常以清晰的、易于理解的方式向委托方或任何其他相关方提交评估结果。通常根据研究的目的和范围开展评估，评估过程使用的技术包括完整性、敏感性分析和一致性检查，并以不确定性分析结果和数据质量分析结果作为对上述分析的补充，其中常见和重点的是敏感性分析。

一、完整性分析

完整性分析的目的是确保解释所需的所有相关信息和数据已经获得，并且是完整的。如果某些信息缺失或不完整，则应考虑这些信息对满足产品碳足迹研究目的和范围的必要性；如果某些对于确定重大问题十分必要的信息缺失或不完整，则宜重新检查前面的阶段，或对目的和范围加以调整；如果缺失的信息是不必要的，则宜记录相应的理由。

完整性分析的基础是使用一份检查单，其中包含规定的清单参数（例如排放物、能量和物质资源、废物）、规定的生命周期阶段和过程以及规定的类型参数等。表 4-2-1 为一个针对 A 和 B 两种方案之间比较研究的完整性分析示例，需要注意的是，完整性只是一个经验值，它是用来保证没有遗漏重要的已知因素，而对原始清单进行再计算或再核查时需要的一个反馈环节。例如，当某项产品的废物管理未知时，应对两种可能的方案进行比较。

这种比较会导致对废物管理状态进行深入的研究，但也可得出两种选择无明显不同或这种区别与规定的目的和范围无关的结论。

表 4-2-1　完整性分析一览表示例

过程单元	方案 A	是否完整	要求的措施	方案 B	是否完整	要求的措施
原材料生产	×	是		×	是	
能源供给	×	是		×	否	重新计算
运输	×	未知	检查清单	×	是	
加工	×	否	检查清单	×	是	
包装	×	是		—	否	与 A 比较
使用	×	未知	与 B 比较	×	是	
最终处置	×	未知	与 B 比较	×	未知	与 A 比较

注：× 表示数据可获得；—表示当前无数据。

二、敏感性分析

敏感性分析的目的是通过确定最终结果和结论是如何受到数据、分配方法或类型参数结果的计算等不确定性的影响，来评价其可靠性。敏感性分析应考虑研究的目的和范围中预先确定的问题、研究中所有其他阶段所形成的结果、专家判断和经验。

当产品碳足迹生命周期评价被用于向外界公布的对比论断中时，评估应包括基于敏感性分析所做的解释性声明。敏感性分析所要求的详细程度主要取决于清单分析的发现，如果进行了影响评价，则还取决于影响评价的发现。敏感性分析的结果决定是否有必要进行更广泛和（或）更精确的敏感性分析，并表明对研究结果产生的显著影响。若敏感性分析未发现不同研究之间的重大区别，并不意味着这种区别不存在，但没有重大区别可以作为研究结果的终点。

敏感性分析的程序是将使用某些给定的假设、方法或数据所获得的结果与使用改变了的假设、方法或数据所获得的结果进行对比，这里的假设、方法或数据包括分配规则、取舍准则、边界设定和系统定义、数据的判断和假设、影响类型的选择、将清单结果划分到所选的影响类型中、类型参数结果的计算、归一化结果、加权结果、加权方法、数据质量等。通常是在一定范围内改变假设和数据的范围（例如 ±25%），检查对结果的影响，然后用变化的百分比或以结果的绝对偏差来表示两种结果。局部敏感性通过扰动单个变量，同时保持其他变量不变，来确定该变量对生命周期评价结果的影响；全局敏感性分析同时考虑了各参数同时变化的交互作用，较为复杂。敏感性分析既可以在目的和范围的确定中提出，也可以基于经验或假设在研究过程中加以确定。

如已知某一工序的资源、能源消耗量以及其 CO_2 的排放量，且知道通过该工序生产出了两种产品，要分别确定这两种产品的资源、能源消耗量以及其 CO_2 的排放量。这时，可以采用不同的分配原则，按这两种产品的质量比例或者按两种产品的经济价值比例来分配出它们各自资源、能源消耗量以及 CO_2 的排放量。这种情况下，需要进行敏感性分析。若通过敏感性分析发现采用两种不同的分配方法差别不是很大，则用其中任何一种分配方法都可以；若发现差别很大，则应结合具体的评价对象及目标和范围的限定选择一种能反映实际情况的分配原则。在 A 和 B 两种方案之间，对分配准则的敏感性分析见表 4-2-2；对数据不确定性的敏感性分析见表 4-2-3。

表 4-2-2　对分配准则的敏感性分析

硬煤需求	方案 A	方案 B	差值
按质量分配 /MJ	1200	800	400
按经济价值分配 /MJ	900	900	0
偏差 /MJ	−300	+100	400
偏差 /%	−25	+12.5	重大
敏感度 /%	25	12.5	

可以看出，上述方案中，A 和 B 两种方案，分配都具有显著影响。

表 4-2-3　对数据不确定性的敏感性分析

塑料碳足迹因子	最终碳足迹 /gCO_2e	塑料碳足迹占比（%）	改变比例（%）
2.0kgCO_2e/kg	358.29	14.30	−2.22
1.69kgCO_2e/kg	350.35	12.36	

可以看出，虽然使用塑料制品带来的碳足迹占最终碳足迹一定比例，但在改变塑料碳足迹因子时，最终碳足迹改变量仅为 −2.22%，说明塑料碳足迹因子的选取对最终碳足迹结果的影响不大。

三、一致性检查

一致性检查的目的是确认假设、方法和数据是否与目的和范围的要求相一致。不一致的示例包括但不限于：

1）数据来源不同，例如方案 A 的数据来源于文献资料，而方案 B 的数据来源于原始数据。

2）数据的准确性不同，例如方案 A 可以得到一个非常详细的过程树[⊖]和过程表述，而方案 B 则被表述为一个累积的黑箱系统[⊖]。

⊖ 过程树是 LCA 中用来描述产品系统的一种图形化工具，它将产品从原材料采集、生产、使用到最终处置的整个生命期中涉及的所有过程以树状结构展示出来。

⊖ 黑箱系统是 LCA 的一种分析方法，它将一个或多个 LCA 过程抽象为一个黑箱模型。在这个模型中，我们只关注黑箱的输入（资源投入）和输出（环境排放），而不深入研究具体的生产细节和中间过程。这种方法简化了对复杂系统的理解，使得分析更加高效。

3）技术覆盖面不同，例如方案 A 的数据基于实验过程（比如中间实验阶段使用新型催化剂使过程效率更高），而方案 B 的数据则是基于现有大规模使用的技术。

4）时间跨度不同，例如方案 A 的数据描述了最近开发的技术，而方案 B 则描述了技术组合，包括新建的和原有的工厂。

5）数据年限不同，例如方案 A 的数据是已收集了 5 年之久的原始数据，而方案 B 的数据则是最近刚收集的。

6）地域广度不同，例如方案 A 的数据描述了一个典型的欧洲技术组合，而方案 B 则描述了具有严格环境保护政策的欧盟成员国家或一个单一的工厂。

有些不一致，可以按规定的目的和范围进行调整。若存在重大区别，还应在得出结论和提出建议之前考虑其有效性和影响。通常，应对以下问题予以说明：

1）同一产品系统生命周期中以及不同产品系统间数据质量的差别是否与研究的目的和范围一致？

2）是否一致地应用了地域的和（或）时间的差别（如果存在）？

3）所有的产品系统是否都应用了一致的分配规则和系统边界？

4）所应用的各影响评价要素是否一致？

一致性检查结果示例见表 4-2-4。

表 4-2-4　一致性检查的结果示例

检查	方案 A		方案 B		A 与 B 比较	措施
数据来源	文献资料	是	原始数据	OK	一致	无
数据精确性	良好	是	弱	不符合目的和范围	不一致	再访问 B
数据年限	2 年	是	3 年	OK	一致	无
技术覆盖面	现有技术	是	试点工厂	OK	不一致	满足研究目标时无
时间跨度	最近	是	现在	OK	一致	无
地域广度	欧洲	是	美国	OK	一致	无

四、数据质量分析与不确定性分析

1. 数据质量分析

数据收集过程中，可能有几种类型数据（直接排放数据、活动水平数据、碳足迹因子）和数据分类（一手和二手）对同一过程都有效的情况。对数据质量评估，可以帮助企业确定哪些数据最能代表所研究产品生命周期阶段的真实排放。温室气体核算体系推荐采用技术代表性、时间代表性、地域代表性、完整性、可靠性五个数据质量指标来定性说明数据质量，见表 4-2-5。

表 4-2-5　温室气体核算体系推荐的数据质量指标

级别	不同方面的代表性				
	技术	时间	地域	完整性	可靠性
非常好	使用相同技术产生的数据	差别小于 3 年的数据	来自同一地区的数据	来自所有相关过程地点,具有足够时间跨度的数据,以便拉平正常波动	基于测量被核查过的数据
好	使用相似但不同的技术产生的数据	差别小于 6 年的数据	来自相似地区的数据	来自超过 50% 的过程地点,具有足够时间跨度的数据,以便拉平正常波动	部分基于假设的核查数据,或基于测量的非核查数据
中等	使用不同的技术产生的数据	差别小于 10 年的数据	来自不同地区的数据	来自少于 50% 的过程地点,具有足够的时间跨度的数据,以便拉平正常波动,或来自多于 50% 的地点,时间跨度较小的数据	部分基于假设或合格的估算值的非核查数据,(如通过行业专家)
差	来自不明技术的数据	差别大于 10 年的数据或不知道年代的数据	来自未知地区的数据	来自少于 50% 的过程地点,较短时间跨度的数据,或代表性未知的数据	不合格的估算值

　　上海市、浙江省等地已公布的部分产品碳足迹评价、核算标准,采用"评分制"进行数据质量分析。以化纤面料碳足迹评价为例,数据质量分析工作包括以下两方面:

　　(1) 数据质量评分　按照数据代表性差异评分,并用 5 级分制来定义数据质量,数据质量等级 1 ~ 5 级分别设定分值为 5 分、4 分、3 分、2 分、1 分,浙江省产品碳足迹数据质量评分见表 4-2-6。对于质量较差的数据须进行敏感性分析(包括不确定性分析),例如通过敏感性分析说明产品生命周期忽略的现场数据可能对最终结果造成的影响,说明现场数据的选择与处理、数据库数据是否符合本文件的要求。数据质量属性包括地区性、原料种类、能耗种类、工艺和设备、年份。

表 4-2-6　浙江省产品碳足迹数据质量评分表

指标	1 级 (5分)	2 级 (4分)	3 级 (3分)	4 级 (2分)	5 级 (1分)
地区性(U_1)	来自产品生产地的数据	来自包含产品生产地本地的较大区域范围的数据	来自生产条件和生产水平相似区域的数据	我国的数据	其他国的数据
原料种类(U_2)	使用相同原料生产的数据	使用相同主要原料生产的数据	使用不同原料生产,但产品相同	使用不同原料生产,但产品相似	原料数据缺失,以相似产品的数据替代
能耗种类(U_3)	能耗种类及比例相同	能耗种类相同,比例相似	主要耗能种类相同	能耗种类不同,但产品相同	能耗数据缺失,以相似产品的数据代替
工艺和设备(U_4)	工艺和设备相同	工艺相同,设备不同	工艺相似	工艺不同,但产品相同	数据缺失,以相似产品的数据替代
年份(U_5)	与时间无关或 3 年以内	6 年以内	10 年以内	15 年以内	数据年代未知或 15 年以上

（2）数据质量分级 首先，确认单元过程 U_i 数据质量，见式（4-2-1）：

$$U_i = \frac{U_1 + U_2 + U_3 + U_4 + U_5}{5} \qquad (4\text{-}2\text{-}1)$$

式中 U_1、U_2、U_3、U_4 和 U_5 分别指地区性、原材料种类、能耗种类、工艺和设备方面、年份方面对应得分。

其次，计算生命周期阶段碳足迹数据质量 U_{stage}，见式（4-2-2）：

$$U_{stage.i} = \frac{\sum_{i=1}^{n}(U_i C_i)}{\sum_{i=1}^{n} C_i} \qquad (4\text{-}2\text{-}2)$$

式中 $stage.i$——生命周期阶段编号；

　　　n——$stage.i$ 所包含的所有单元过程数量；

　　　C_i——单元过程碳排放量。

再次，计算产品碳足迹数据质量 U_{cfp}，见式（4-2-3）：

$$U_{cfp} = \frac{\sum_{i=1}^{m}(U_{stage.i} C_{stage.i})}{\sum_{i=1}^{m} C_{stage.i}} \qquad (4\text{-}2\text{-}3)$$

式中 m——产品碳足迹所包含的所有生命周期阶段数量；

　　　$C_{stage,i}$——第 i 个生命周期阶段的碳排放量。

最后，对产品碳足迹数据质量进行分级，见表 4-2-7。

表 4-2-7 产品碳足迹数据质量等级表

评价等级	一级	二级	三级	四级	五级
分值区间	5	≥ 4 ~ <5	≥ 3 ~ <4	≥ 2 ~ <3	≥ 1 ~ <2
等级描述	数据质量高	数据质量较高	数据质量一般	数据质量欠佳	数据质量差

在进行产品碳足迹评价过程中，如使用数据库中的数据（次级数据）时，覆盖 70% 的碳排放所包含的数据质量评分应 ≥ 3，即达到三级及以上。

2. **不确定性分析**

温室气体清单的结果可能被各种类型的不确定性所影响，包括参数不确定性、情景不确定性与模型不确定性。这些不确定性来自不同的清单过程且不相互排斥，可以通过不同的方式去评价和报告。

参数不确定性来源于直接排放数据、活动水平数据、碳足迹因子、全球变暖潜能值，是关于清单中所用数值是否准确反映产品生命周期中的过程或活动的不确定性。参数的不确定性，通常以概率分布形式表示（若可以确定数值），并且通过参数不确定性传递方法，如随机取样法、解析公式法等，得出最终结果的不确定性定量度量。

情景不确定性是指因方法学选择引起的结果变化，方法学选择包括但不限于分配方法、产品使用假设、生命终止假设等。情景分析的方法通过变化参数，识别其对结果的影响。情景分析一般也称敏感性分析。

模型不确定性来自用于反映真实世界的模型方法的能力限制，很难被完整地量化。一般情况下，参数不确定性分析或情景不确定性分析可以体现出一部分的模型不确定性。

4.2.3 任务实施

一、完整性分析

首先，根据评价的目的和范围，建立完整性检查清单，清单内容包括生命周期阶段、过程和具体参数等。其次，根据清单对整个产品碳足迹生命周期评价过程进行分析，判断各项内容是否符合完整性要求。如果符合要求，完成完整性分析；如果某些信息缺失或不完整，则应考虑这些信息对满足产品碳足迹生命周期评价目的和范围的必要性，并且应记录这一发现及其理由。需要注意的是，如果某些对于确定重大问题十分必要的信息缺失或不完整，则宜重新检查前面的阶段，或对目的和范围加以调整；如果缺失的信息是不必要的，则宜记录相应的理由。

二、敏感性分析

首先，找出主要的前提假设，即对评价结果产生影响的关键因素；其次，确定前提假设可能的变化范围，包括对这些因素的不同假设情况进行设定；再次，进行计算并确认结论是否随着前提假设的变化而产生变化，以评估对结果的影响程度；最后，陈述敏感性分析的结果，清晰地呈现出对不同假设情况下评价结果的变化情况，从而帮助更好地理解评价结果的可靠性和稳定性。

三、一致性分析

根据产品碳足迹生命周期评价的过程，确认假设、方法、数据等与产品碳足迹生命周期评价的目的和范围要求是否相一致。一致则形成结论，不一致则需判断是否符合产品碳足迹生命周期评价的目标，满足目标的情况下，记录并说明即可，不满足目标则需要重新检查前面的阶段或者对目的和范围加以调整。

四、数据质量分析与不确定性分析

选定数据质量分析方法，对产品碳足迹研究涉及的活动水平数据、碳足迹因子进行数据质量评分，依据各相关数据的数据质量评分，计算整个产品的碳足迹数据质量评分，并依据评分进行数据质量分级。必要情况下，结合产品碳足迹分析的数据，定量评估数据的不确定性和碳足迹清单结果的不确定性。

4.2.4　职业判断与业务操作

根据任务描述，对该聚乙烯催化剂产品的碳足迹进行敏感性分析。

答：将占总碳足迹比例较大的活动数据数值减少10%，考察对整体碳足迹的影响。由于评价对象碳足迹成分复杂、总量大，在相应活动水平数据减少10%时，对其碳足迹总量影响小于6%。评价对象对各活动水平敏感度排名为：蒸汽 > 电力 >A 原料 >B 原料，说明蒸汽的消耗量变化对评价对象总碳足迹的变化影响最大。聚乙烯催化剂产品碳足迹敏感性分析见表 4-2-8。

表 4-2-8　聚乙烯催化剂产品碳足迹敏感性分析表

参数		原总碳足迹 / kgCO₂e	减后总碳足迹 / kgCO₂e	碳足迹差值 / kgCO₂e	总量减少比例
聚乙烯催化剂 产品碳足迹	蒸汽消耗减少 10% 时	2010000	1904000	106000	5.31%
	电力消耗减少 10% 时	2010000	1978000	32000	1.64%
	A 原料消耗减少 10% 时	2010000	1991000	19000	1.00%
	B 原料消耗减少 10% 时	2010000	1996000	14000	0.73%

任务 4.3　结论、局限性和建议编制

产品碳足迹评
价案例

4.3.1　任务描述

为建立绿色环保竞争优势，某企业开展 A 类精品布料"摇篮 - 大门"的产品碳足迹分析，以期寻找节能减排机会。经过分析，其 A 类精品布料碳足迹为 8.29kgCO₂e，在其总碳

足迹构成因素中，煤炭、天然气、电力、蒸汽四种能源使用导致的碳排放占产品碳足迹的66%，且电力和煤炭消耗占比最大，两者各占总量的25%左右。

请结合以上信息，为该企业降低A类精品布料碳足迹提两条建议。

4.3.2 知识准备

本部分的目的旨在针对产品碳足迹生命周期评价研究的沟通对象形成结论、识别局限，并提出建议。

一、结论

结论应从研究中得出。结合产品碳足迹研究的目的和范围，在结论中对产品碳足迹和各阶段碳足迹进行说明，对包括取舍准则的应用或范围等在内的不确定性进行分析，并详细记录选定的分配程序，描述空间系统的划分方法及空间网格粒度（如适用）。此外，可根据需要：1）对重要输入、输出和方法学选择（包括分配程序）进行敏感性分析，以理解结果的敏感性和不确定性。2）评价替代使用情景对最终结果的影响。3）评价不同生命末期阶段情景对最终结果的影响。4）评价空间系统的划分和空间网格分辨率选择对结果的影响（如适用）。

二、局限性

产品碳足迹的局限性会对产品碳足迹量化造成影响，应在产品碳足迹研究报告中说明。两个最主要的内在局限性包括将气候变化作为单一的影响类别、方法论相关的局限性。

1. 关注单一环境问题

产品碳足迹反映了在一段时间内产品系统生命周期内（包括原材料获取、生产、使用和生命末期阶段）对全球辐射能量平衡的潜在影响（通过计算产品系统的温室气体排放量和清除量的总和来反映，以二氧化碳当量表示）。产品碳足迹是产品生命周期内影响"气候变化"领域中最重要的类型，产品的生命周期内还可能影响其他领域（例如资源枯竭、空气、水、土壤和生态系统）。

生命周期评价的目的是允许就环境影响做出明智决策。气候变化只是产品生命周期中可能产生的各种环境影响之一，其相对重要性可能因产品不同而异。在某些情况下，减少某单一环境影响可能导致其他环境方面产生更大影响（例如减少水污染的活动可能导致产品生命周期内温室气体排放量的增加，而使用生物质减少温室气体排放可能对生物多样性产生负面影响）。基于单一环境影响的决策可能与其他环境影响类型的目标相冲突。产品碳足迹或部分产品碳足迹不宜作为结果决策过程的唯一考量因素。

2. 与方法论相关的局限性

产品碳足迹评价过程中，某些数据可能仅限于特定的地理区域（例如国家电网），也可能随时间发生变化（例如季节性变化）。建立生命周期评价模型还需要价值选择（例如对功能或声明单元、分配程序的选择）。

以上方法的局限性可能对产品碳足迹结果造成影响，导致其准确性有限且难以评价。因此，在特定情况下可以优先采用其他方法，例如"使用中的能耗"评估方法等。但是，如果不先评估产品的生命周期温室气体排放量，就无法确立使用阶段温室气体排放量的重要性。

三、建议

应根据研究的最终结论提出建议，建议应合理地反映结论。只要向决策者提出的具体建议适合于研究的目的和范围，就应对此做出解释，并且建议宜与应用意图相关。

4.3.3　任务实施

结合产品碳足迹研究的目的和范围，在结论中对产品碳足迹和各阶段碳足迹进行说明，对包括取舍准则的应用或范围等在内的不确定性进行分析，并详细记录选定的分配程序，描述空间系统的划分方法及空间网格粒度（如适用）。

一、编制结论

1）依据产品碳足迹和各阶段碳足迹分析计算结果，形成初步结论。

2）检查结论是否符合研究目的和范围的要求，特别是数据质量要求、预先确定的假设和数值、方法学和研究的局限，以及应用所需的要求。

3）如果结论符合研究的目的与要求，则将其作为报告的完整结论；否则需重新进行重大问题识别和完整性、一致性、敏感性分析，得出新的结论。

二、说明局限性

通常只需简要阐述产品碳足迹量化结果，仅关注单一环境问题、与方法相关的局限性即可。

三、提出相应建议

建议从以下方向提出建议：

1）分析产品碳足迹研究过程中发现的问题或趋势，针对问题提出改进和优化的建议，以解决现有的挑战或问题。

2）根据产品碳足迹研究结论，提出未来研究方向或可能的扩展研究，以便进一步深入探讨相关问题或主题。

3）结合研究结果对实际应用的影响，在政策制定、实践指导或商业决策等方面提供具体建议。这些建议将有助于将研究结论转化为实际行动和决策的指导，从而更好地发挥研究成果的价值。

4.3.4 职业判断与业务操作

根据任务描述，为企业节能减排提两条建议。

答：1）A 类精品布料电力和煤炭消耗对产品碳足迹的贡献占比最大，在化石能源消耗排放中，油气通常要比煤炭更低碳，因此建议企业使用天然气等能源进一步代替煤炭，通过能源使用结构的优化降低碳排放。

2）由于 A 类精品布料能源使用导致的碳排放占产品碳足迹的比例最大（66%），因此建议企业开展能源审计工作，掌握自身能源管理水平和能源利用状况，挖掘节能潜力，降低能源消耗和碳排放量。

任务 4.4 产品碳足迹报告编制

4.4.1 任务描述

天津某工程科技公司为一般上市企业，位于天津市高淳区生物医药产业园区内，统一社会信用代码 9111*************9B，填报联系人张三，联系电话及邮箱为 139*********，zhangsan@163.com。

该公司成立于 1998 年，2015 年于深交所创业板上市。2017 年确立"一体两翼、双轮驱动"的发展战略，致力于成为大健康领域服务提供商。公司在医药生物智能制造领域服务的主要客户群体为药品及生物制品生产企业，目前产品应用于化学药、中药及生物制品等多个细分领域，实现了对药品及生物制品生产过程从原料药到终端产品的全生产过程的覆盖。医药生物自动化作为核心业务板块，将"扩领域"和"智能化"作为该板块的发展方向。

公司主要阀门产品有隔膜阀、截止阀，适用于生物医药、无菌卫生条件的医药、食品、奶制品行业及耐酸耐碱要求的生产过程控制领域。隔膜阀是一种特殊形式的截断阀，结构紧凑、屋脊式流道简单、自洁性好。阀体采用精密铸造不锈钢材质，内壁抛光无死角，流道平滑阻力小，可获得较大流量。该阀门耐酸碱、无外漏、不染菌、易消毒、维修方便。截止阀的优点为结构简单，拆除方便、维护费用低，阀杆处使用的环状圈与多层烧结 PTFE 密封填料能有效防止外泄，使用寿命长（3 年），密封可靠，耐高温、耐酸耐碱，易消毒不染菌，阀杆运动安全精度可靠，有较强抗冲击能力。该企业的隔膜阀及截止阀年产量为 10 万 t。

目前，公司拟对其生产的 1t 隔膜阀及截止阀产品开展碳足迹评价。时间范围为 2023 年 1 月 1 日至 2023 年 12 月 31 日。评价的生命周期形式为"摇篮－大门"，主要包括原材料生产、原材料运输、产品生产等阶段。

2023 年全年生产 10 万 t 隔膜阀及截止阀，对应的原辅料主要包括铸件、不锈钢材、橡胶和四氟类，消耗量分别为 7671.50kg、2215.00kg、83.20kg、30.30kg。原辅料运输方式主要为陆上运输，具体见表 4-4-1。

表 4-4-1 原辅料运输信息表

物料名称	始发地	目的地	运输距离	运输工具（如果是汽油或柴油车运输，需说明车辆载重）
铸件	江苏盐城	北京	900km	货运车辆 20t
不锈钢材	江苏盐城	北京	1000km	货运车辆 20t
橡胶	河北衡水	北京	300km	货运车辆 20t
四氟类	河北衡水	北京	300km	货运车辆 20t

隔膜阀及截止阀生产主要消耗电力，2023 全年生产 10 万 t 隔膜阀及截止阀的电力消耗量为 14005.30MW·h。

碳足迹计算相关碳足迹因子及其来源见表 4-4-2。

表 4-4-2 碳足迹因子信息表

原物料名称	碳足迹因子	上游数据来源
铸件	$0.983kgCO_2e/kg$	阀门铸件环评项目背景数据
不锈钢材	$1.863kgCO_2e/kg$	中国生命周期基础数据库（CLCD）
橡胶	$2.675kgCO_2e/kg$	中国生命周期基础数据库（CLCD）
四氟类	$8.320kgCO_2e/kg$	聚四氟乙烯单位产品的能源消耗限额团体标准（T/FSL 058—2020）准入值
货运车辆 16～32t	$0.16650997kgCO_2e/t·km$	Ecoinvent 3
生产过程中电力	$0.8843tCO_2e/MW·h$	2012 年华北区域电网平均二氧化碳足迹因子

请结合以上信息，自拟报告框架，为该企业 1t 隔膜阀及截止阀产品编制碳足迹报告。

4.4.2 知识准备

产品碳足迹研究报告的目的是说明产品碳足迹或部分产品碳足迹的情况。应在产品碳足迹研究报告中完整地、准确地、不带偏向地、透明地、详细地记录和说明结果、数据、方法、假设和生命周期解释，以便相关方能够理解产品碳足迹固有的复杂性和所做出的权衡。根据产品碳足迹研究目的和范围，确定产品碳足迹研究报告的类型和格式。

一、产品碳足迹研究报告中的温室气体数值

应在产品碳足迹研究报告中记录产品碳足迹或部分产品碳足迹的量化结果，单位为每个功能单位或声明单位的二氧化碳当量。应在产品碳足迹研究报告中分别记录以下温室气体数值：

1）与发生温室气体排放和清除的主要生命周期阶段相关联，包括每个生命周期阶段的绝对和相对贡献量。

2）与发生温室气体排放和清除的主要空间相关联，包括每个空间的绝对和相对贡献量。

3）化石温室气体排放量和清除量。

4）生物成因温室气体排放量和清除量。

5）直接土地利用变化导致的温室气体排放量和清除量。

6）飞机运输导致的温室气体排放量。

如果涉及相关计算，还应在产品碳足迹研究报告中分别记录以下温室气体数值：

1）间接土地利用变更导致的温室气体排放量和清除量。

2）土地利用导致的温室气体排放量和清除量。

3）应用相关消费混合电网的敏感性分析结果（如适用）。

4）产品的生物成因碳含量。

5）利用 GWP100 计算的产品碳足迹。

对于过程位于小岛屿发展中国家的情况，如果使用合同工具计算额外产品碳足迹或部分产品碳足迹，应作为补充信息报告。

二、产品碳足迹研究报告所需信息

应将以下信息（包括但不限于）纳入产品碳足迹研究报告：

1. **基本情况**

1）委托方和评价方信息。

2）报告信息。

3）依据的标准。

4）使用的产品种类规则或其他补充要求的参考资料（如有）。

2. 目的

1）开展研究的目的。

2）预期用途。

3. 范围

1）产品说明，包括功能和技术参数。

2）功能单位或声明单位以及基准流。

3）系统边界，包括：

①作为基本流中的系统输入和输出类型。

②有关单元过程处理的决策准则（考虑其对产品碳足迹研究结论的重要性）。

③产品系统关联的空间范围、空间系统划分和空间网格粒度选择，并说明其理由（如适用）。

4）取舍准则和取舍点。

5）生命周期各阶段的描述，包括对选定的使用阶段和生命末期阶段假设情景的描述（如适用），替代使用情景和生命末期阶段情景对最终结果影响的评价。

4. 清单分析

1）数据收集信息，包括数据来源。

2）温室气体排放和清除时间（如适用）。

3）代表性的时间段。

4）分配原则与程序。

5）数据说明，包括有关数据的决定和数据质量评价。

5. 影响评价

1）影响评价方法。

2）特征化因子。

3）清单结果与计算。

4）结果的图示（可选）。

6. 结果解释

1）结论和局限性。

2）敏感性分析和不确定性分析结果。

3）电力处理，应包括关于电网碳足迹因子计算和相关电网的特殊局限信息。

4）披露在产品碳足迹研究决策中所做出的价值选择并说明理由。

5）范围和修改后的范围（如适用），并说明理由和排除的情况。

7. 绩效追踪说明（如适用）

8. 产品碳足迹比较（如适用）

三、报告参考模板

产品碳足迹研究报告（模板）

产品名称：＿＿＿＿＿＿＿＿＿＿＿＿＿＿＿＿＿

产品规格型号：＿＿＿＿＿＿＿＿＿＿＿＿＿＿

生产者名称：＿＿＿＿＿＿＿＿＿＿＿＿＿＿＿

报告编号：＿＿＿＿＿＿＿＿＿＿＿＿＿＿＿＿

出具报告机构：（若有）＿＿＿＿＿＿＿＿＿（盖章）

日期：＿＿＿年＿＿＿月＿＿＿日

一、概况

1. 生产者信息

生产者名称：＿＿＿＿＿＿＿＿＿＿＿＿＿＿

地址：＿＿＿＿＿＿＿＿＿＿＿＿＿＿＿＿

法定代表人：＿＿＿＿＿＿＿＿＿＿＿＿＿

授权人（联系人）：＿＿＿＿＿＿＿＿＿＿

联系电话：＿＿＿＿＿＿＿＿＿＿＿＿＿＿

企业概况：＿＿＿＿＿＿＿＿＿＿＿＿＿＿

2. 产品信息

产品名称：＿＿＿＿＿＿＿＿＿＿＿＿＿＿

产品功能：＿＿＿＿＿＿＿＿＿＿＿＿＿＿

产品介绍：＿＿＿＿＿＿＿＿＿＿＿＿＿＿

产品图片：＿＿＿＿＿＿＿＿＿＿＿＿＿＿

3. 量化方法

依据标准：＿＿＿＿＿＿＿＿＿＿＿＿＿＿

二、量化目的

＿＿＿＿＿＿＿＿＿＿＿＿＿＿＿＿＿＿

三、量化范围

1. 功能单位或声明单位

以＿＿＿＿＿＿＿为功能单位或声明单位。

2. 系统边界

☐ 原材料获取阶段　☐ 生产阶段　☐ 分销阶段　☐ 使用阶段　☐ 生命末期阶段

系统边界图：

3. 取舍准则

采用的取舍准则以＿＿＿＿＿＿＿＿＿＿＿＿＿为依据，具体规则如下：

4. 时间范围

＿＿＿＿＿＿＿＿＿年度。

四、清单分析

1. 数据来源声明

初级数据：_____

次级数据：_____

2. 分配原则与程序

分配原则：_____

分配程序：_____

具体分配情况如下：

3. 清单结果及计算

生命周期各个阶段碳排放计算说明见表1。

表 1 _____ 生命周期各个阶段碳排放计算说明

生命周期阶段		活动水平数据	碳排放因子	碳足迹 / (kgCO$_2$e/ 功能单位)
原材料获取				
生产				
分销	运输			
	仓储			
使用				
生命末期				

4. 数据质量评价（可选项）

数据质量可从定性和定量两个方面对报告使用的初级数据和次级数据进行评价，具体评价内容包括：数据来源、完整性、数据代表性（时间、地理、技术）和准确性。

五、影响评价

1. 影响类型和特征化因子选择

一般选择联合国政府间气候变化专门委员会（IPCC）给出的 100 年全球变暖潜能值（GWP）。

2. 产品碳足迹结果计算

六、结果解释

1. 结果说明

_____公司（填写产品生产者的全名）生产的_____（填写所评价的产品名称，功能单位的产品），从_____（填写某生命周期阶段）到_____（填写某生命周期阶段）生命周期碳足迹为_____kgCO$_2$e。生命周期各阶段的温室气体排放情况如表2和图1所示。

表2 _____生命周期各阶段碳排放情况

生命周期阶段	碳足迹/（kgCO$_2$e/功能单位）	百分比（%）
原材料获取		
生产		
分销		
使用		
生命末期		
总计		

图1 **生命周期各阶段碳排放分布图

一般以饼状图或是柱形图表示各生命周期阶段的碳排放情况。

2. 假设和局限性说明（可选项）

结合量化情况，对范围、数据选择、情景设定等相关的假设和局限进行说明。

3. 改进建议

4.4.3 任务实施

一、编制企业信息，明确量化目的和范围

编制企业信息，包括但不限于企业名称、地址、法定代表人、授权人（联系人）、联系电话、企业概况等；编写产品信息，报告产品的名称、功能、介绍、图片等信息；确定产品碳足迹核算与报告的目的，包括但不限于气候管理、绩效追踪、供应商和客户关系维护、产品差异化等；说明量化的方法，明确碳足迹核算依据的标准；明确量化的功能单位或声明单位，确定产品碳足迹评价的系统边界、时间范围，并对取舍原则进行明确说明。

二、开展清单分析，进行影响评价

分析产品碳足迹报告涉及的具体数据和信息，收集数据并对其来源进行说明；如果涉及分配，应明确分配的依据、程序和具体的分配情况；对数据质量进行评价；说明特征化因子⊖选择；对生命周期各个阶段碳排放情况进行计算和说明；计算产品碳足迹最终结果。

三、编制结果解释

分析产品生命周期各阶段碳排放情况，识别重大问题，并进行分析说明；结合量化情况，说明范围、数据选择、情景设定等研究过程相关的假设和局限；结合研究的目的，提出合理化改进建议。

4.4.4 职业判断与业务操作

本任务仅是对产品碳足迹报告进行示例，不是对报告形式的限制。

天津某工程科技公司隔膜阀及截止阀
产品碳足迹盘查报告

报告主体（盖章）：天津某工程科技公司

报告年度：2023 年

报告日期：2024 年 1 月 20 日

⊖ 特征化因子是指用于将各种温室气体排放量转换为二氧化碳当量的转换因子，基于不同温室气体对全球变暖的相对贡献，即全球增温潜能值。

一、企业基本情况

该公司为一般上市企业，统一社会信用代码 9111************9B，填报联系人张三，联系电话及邮箱 139*********，zhangsan@163.com。本次碳足迹评价为生产 1t 隔膜阀及截止阀的碳足迹。该企业的隔膜阀及截止阀年产量为 10 万 t。

二、目标与范围定义

1. 目的

本碳足迹评价报告用于评价该公司生产的隔膜阀及截止阀产品的温室气体排放足迹，由于部分上游原材料数据为次级数据，因此本评价结果仅用于表明所评价产品在现有数据基础情况下的碳足迹，不作为对比论断。

2. 功能单位

1t 的隔膜阀及截止阀产品。

3. 系统边界

系统边界为从资源开采到产品出厂的生命周期，主要包括原材料生产，原材料运输、产品生产等环节。

4. 时间范围

2023 年 1 月 1 日至 2023 年 12 月 31 日。

5. 数据取舍原则

本研究采用的取舍规则以各项原材料投入占产品重量或过程总投入的重量比为依据。具体规则如下：

1）能源的所有输入均列出。

2）原料的所有输入均列出。

3）辅料质量小于原料总消耗 0.3% 的项目输入可忽略。

4）大气、水体的各种排放均列出。

5）小于固体废弃物排放总量 1% 的一般性固体废弃物可忽略。

6）道路与厂房的基础设施、各工序的设备、厂区内人员及生活设施的消耗及排放均忽略。

7）任何有毒有害材料和物质均应包含于清单中，不可忽略。

6. 评价依据

（1）《商品和服务在生命周期内的温室气体排放评价规范》（PAS 2050:2011）

（2）《Grenhouse gases—Carbon footprint of products—Requirements andguidelines for quantification and communication》（ISO 14067:2013）

（3）《温室气体 第一部分：组织层次级温室气体排放和清除的量化和报告指南》（ISO 14064-1:2018）

（4）《环境管理 生命周期评价 原则与框架》（GB/T 24040—2008）

（5）《环境管理 生命周期评价 要求与指南》（GB/T 24044—2008）

（6）《机械设备制造企业温室气体排放核算方法与报告指南（试行）》

（7）《工业其他行业企业温室气体排放核算方法与报告指南（试行）》

（8）其他相关标准

三、活动水平数据收集

1. 原材料生产

1t 隔膜阀及截止阀生产过程中消耗的原材料清单见表4-4-3。其中不锈钢材、橡胶生产来源于数据库，铸件生产过程来自上游同类企业环境评价报告，四氟类来自标准限值。

表 4-4-3 原材料清单

原物料名称	数量	单位	
铸件	767.15	kg	
不锈钢材	221.50	kg	
橡胶	8.32	kg	
四氟类	3.03	kg	

2. 原材料运输

隔膜阀及截止阀的原材料运输信息见表4-4-4。

表 4-4-4 原材料运输信息表

物料名称	始发地	目的地	运输距离
铸件	江苏盐城	北京	900km
不锈钢材	江苏盐城	北京	1000km
橡胶	河北衡水	北京	300km
四氟类	河北衡水	北京	300km

3. 生产过程

（1）过程基本信息　过程名称：隔膜阀及截止阀生产。过程边界：原材料入厂到产品出厂。

（2）数据代表性　主要数据来源：代表企业及供应链实际数据，生产阶段用电情况：取企业实际数据生产车间电表抄数，因实际情况除隔膜阀及截止阀用电之外，还包含了部分外协件加工的用电，使用同一设备未区分不同生产线，按订单模式加工，未对用电进行划分，因此本报告中生产用电量比实际用电量数据偏大。电力消耗量：1400.53kW·h。

四、碳足迹因子

1. 原材料生产碳足迹因子

原材料生产碳足迹因子见表 4-4-5。

表 4-4-5　原材料生产碳足迹因子

原材料名称	碳足迹因子	上游数据来源
铸件	0.983kgCO$_2$e/kg	阀门铸件环评项目背景数据
不锈钢材	1.863kgCO$_2$e/kg	中国生命周期基础数据库（CLCD）
橡胶	2.675kgCO$_2$e/kg	中国生命周期基础数据库（CLCD）
四氟类	8.320kgCO$_2$e/kg	聚四氟乙烯单位产品的能源消耗限额团体标准（T/FSL 058—2020）准入值

2. 运输过程碳足迹因子

原材料运输碳足迹因子见表 4-4-6。

表 4-4-6　原材料运输碳足迹因子

原材料名称	运输工具 （如果是汽油或柴油车运输，说明车辆载重）	碳足迹因子	碳足迹因子来源
铸件	货运车辆 20t	0.16650997kgCO$_2$e/t·km	Ecoinvent 3
不锈钢材	货运车辆 20t	0.16650997kgCO$_2$e/t·km	Ecoinvent 3
橡胶	货运车辆 20t	0.16650997kgCO$_2$e/t·km	Ecoinvent 3
四氟类	货运车辆 20t	0.16650997kgCO$_2$e/t·km	Ecoinvent 3

3. 生产过程碳足迹因子

生产过程中电力碳足迹因子见表 4-4-7。

表 4-4-7　电力碳足迹因子

过程名称	碳足迹因子	数据来源
生产过程中电力	0.8843tCO$_2$e/MW·h	2012 年华北区域电网平均二氧化碳碳足迹因子

五、碳足迹计算

根据以上各项数据，对 1t 隔膜阀及截止阀的碳足迹进行核算，结果见表 4-4-8。

表 4-4-8　碳足迹计算表

阶段		排放量 / (kgCO$_2$e/t)	百分比
原材料阶段	铸件	754.11	28.95%
	不锈钢材	412.66	15.84%
	橡胶	22.25	0.85%
	四氟类	25.17	0.97%
原材料阶段小计		1214.19	46.61%
运输阶段	铸件	114.96	4.41%
	不锈钢材	36.88	1.42%
	橡胶	0.42	0.02%
	四氟类	0.15	0.01%
运输阶段小计		152.41	5.85%
生产阶段	电力消耗	1238.49	47.54%
生产阶段小计		1238.49	47.54%
单位产品排放量 / (kgCO$_2$e/t)		2605.09	100.00%

任务 4.5　使用数字化工具进行产品碳足迹核算与报告

4.5.1　任务描述

某化工产品拟定采用北京中创碳投科技有限公司开发的"碳足迹实训平台"进行碳足迹核算，请简要说明其需要在数据平台中设定的内容。

4.5.2　知识准备

利用先进的技术手段可以实现更高效、更精准的碳足迹管理和报告。具体包括以下方面：

数据收集与整合：数字化平台可以整合各个环节的数据，包括生产过程中的能源消耗、原材料使用、运输方式等，实现全面、精准的碳足迹核算。

智能算法支持：数字化平台可以利用人工智能和大数据分析技术，对碳足迹进行智能化计算和分析，提高核算的准确性和效率。

可视化展示：数字化平台可以通过数据可视化技术，将产品碳足迹的数据以直观、易懂的形式展现出来，帮助企业和消费者更好地理解和应用这些数据。

4.5.3　任务实施

请借助北京中创碳投科技有限公司开发的"碳足迹实训平台"，熟悉填写产品碳足迹核算报告的流程。

一、产品模型创建

单击"实训课程"-"产品模型创建"，进入"产品碳足迹"模块后，可以通过左侧的菜单栏进行固定，如图 4-5-1 所示。

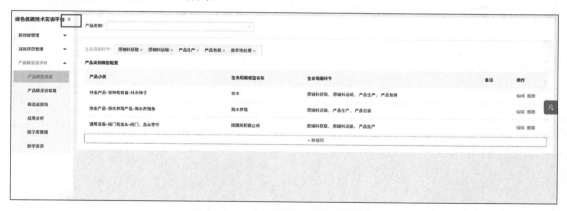

图 4-5-1　"产品碳足迹"模块页面

1. 配置产品模型

单击产品类别模型配置列表下方的"新增项"按钮，新增一行信息，输入产品类型、生命周期模型名称、生命周期环节和备注，可对产品模型进行配置，"配置产品模型"页面如图 4-5-2 所示。

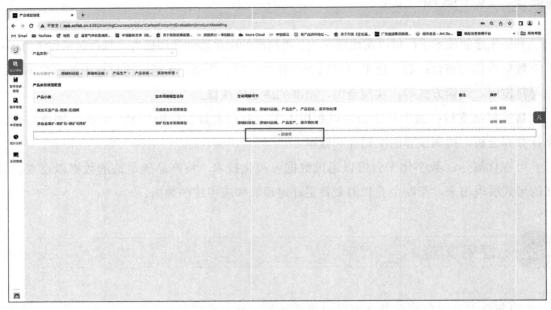

图 4-5-2 "配置产品模型"页面

2. 编辑模型信息

用户单击各模型操作栏的"编辑"按钮，可对模型信息进行修改更新，"编辑模型信息"页面如图 4-5-3 所示。

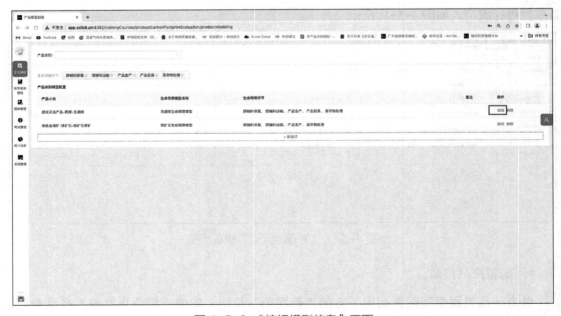

图 4-5-3 "编辑模型信息"页面

3. 删除模型信息

用户单击各模型操作栏的"删除"按钮，可对模型信息进行删除操作，"删除模型信息"页面如图 4-5-4 所示。

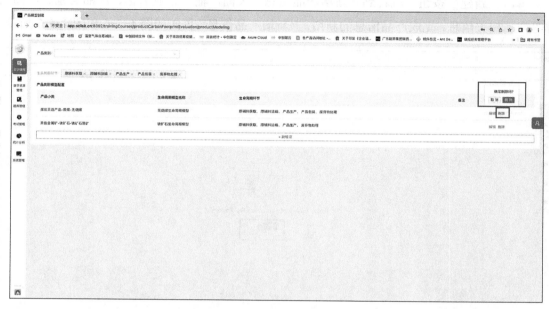

图 4-5-4 "删除模型信息"页面

4. 产品模型创建填报

例：产品模型创建用于提前设置好产品的生命周期环节，后续核算的时候直接引用即可。如果案例里有通用的产品，比如 A、B 产品都是同一个产品类别、评价的生命周期环节都一致，那么可以在"产品模型创建"模块设置一个生命周期模型，后续核算直接引用即可。可根据产品的基本信息进行填写，比如可以在案例里找到本产品的生命周期环节，根据产品信息对产品小类进行判断并进行填写。填写完成后则可定义为一个新的生命周期模型（可以一眼看出这个生命周期模型的应用场景就行），备注用于其他辅助信息描述，创建完成之后该生命周期模型就可以用于后续的产品碳足迹核算，产品模型创建填报示范页面见图 4-5-5。

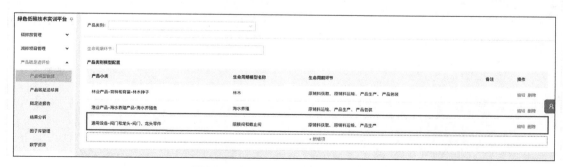

图 4-5-5 产品模型创建填报示范

二、产品碳足迹核算

1. 新增产品信息

单击"新建"按钮，跳转到"新增产品信息"页面，输入企业名称、产品类别、产品名称等产品相关信息，完成产品信息的新增，"新增产品信息"页面如图4-5-6和图4-5-7所示。

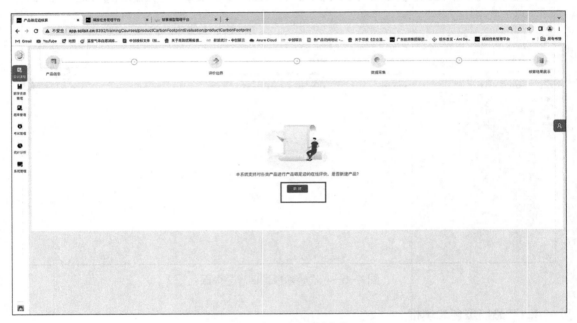

图4-5-6 "新增产品信息"页面1

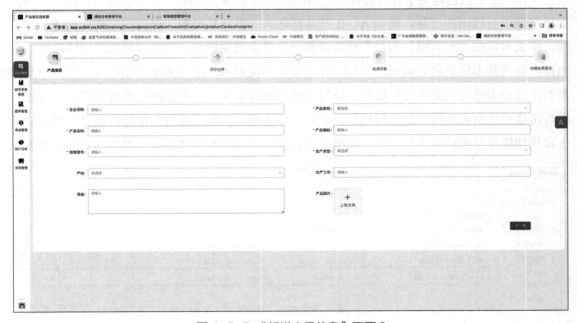

图4-5-7 "新增产品信息"页面2

例：单击"新建"可以对相关产品进行产品碳足迹核算，首先进入产品信息填写模块，根据案例中的企业基本信息可以进行自定义填写，产品信息填报示范如图 4-5-8 所示。

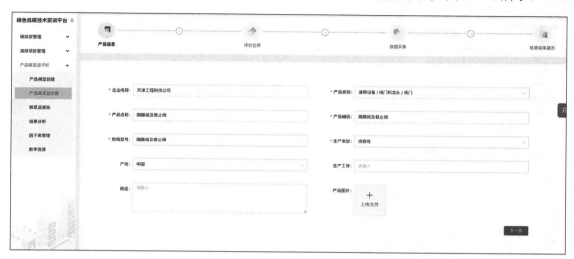

图 4-5-8　产品信息填报示范

2. 填写核算边界

填完产品信息后，单击"下一步"，跳转至"评价边界"页面，输入相关信息并上传工艺流程图，完成核算边界的填写，填写"核算边界"页面如图 4-5-9 所示。

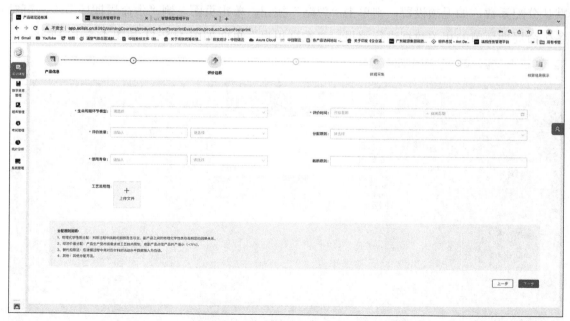

图 4-5-9　填写"核算边界"页面

例：此模块为产品评价边界信息填写，可以根据案例中的基本信息进行填写，因为前期在产品模型创建里创建过《隔膜阀和截止阀》这个生命周期模型，那么此处"生命周期环节模型"则可以直接引用，如没有进行提前创建则此处默认为"摇篮－大门"，评价边界填报示范如图4-5-10所示。

图 4-5-10 评价边界填报示范

3. 数据填报

填完评价边界信息后，单击"下一步"，跳转至"数据采集"页面，对于产品可设置默认分配系数，如无须设置，则单击"忽略"按钮。单击页面左侧"生命周期环节"，可对各生命周期环节的相关数据进行填报，"数据填报"页面如图4-5-11和图4-5-12所示。

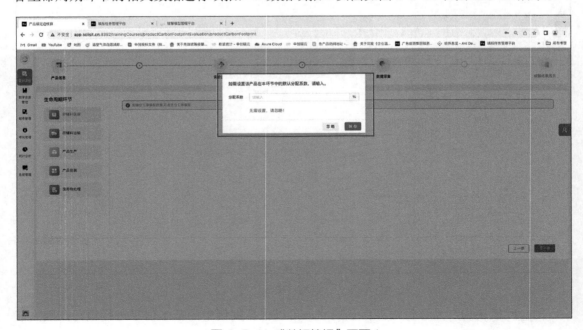

图 4-5-11 "数据填报"页面 1

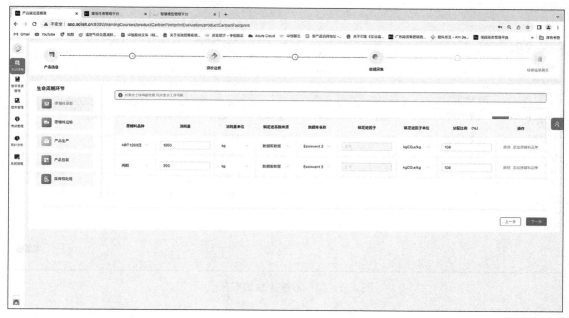

图 4-5-12　"数据填报"页面 2

　　例：此模块为产品核算数据采集，根据案例中各生命周期环节的数据进行填写，如文档里数据单位不一致，则需要提前进行换算处理，若文档里没有对分配系数进行说明则可以单击"忽略"（默认为 100%），否则根据实际描述情况进行填写，单击"忽略"后可以对各生命周期环节信息进行填写，其中碳足迹系数来源分为：数据库数据、供应商数据、其他，数据库数据为系统提前内置好的，其他、供应商数据可以根据实际情况进行手动填写，数据采集填报示范如图 4-5-13 和图 4-5-14 所示。

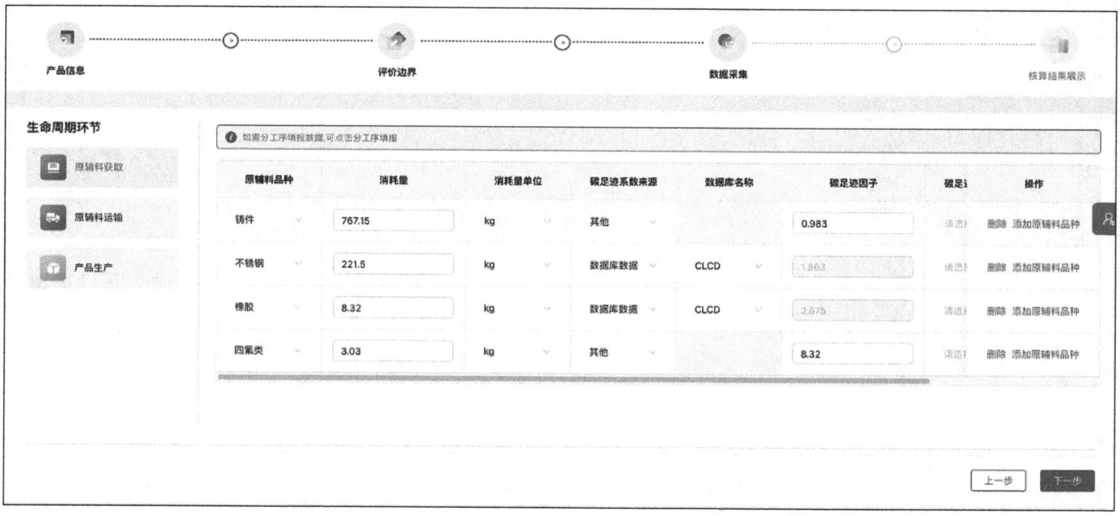

图 4-5-13　数据采集填报示范 1

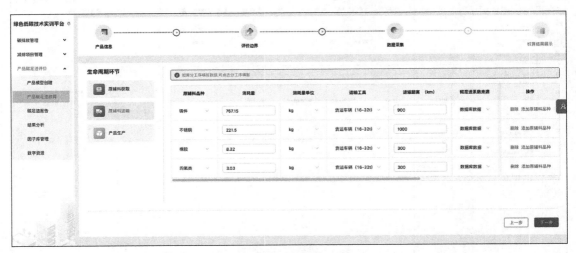

图 4-5-14　数据采集填报示范 2

4. 核算结果展示

填报完各生命周期环节数据后，单击"下一步"，跳转到"核算结果展示"页面，单击"核算结果展示"tab 页按钮，可查看各生命周期环节的碳足迹量以及贡献度数据，"核算结果展示"页面如图 4-5-15 所示。

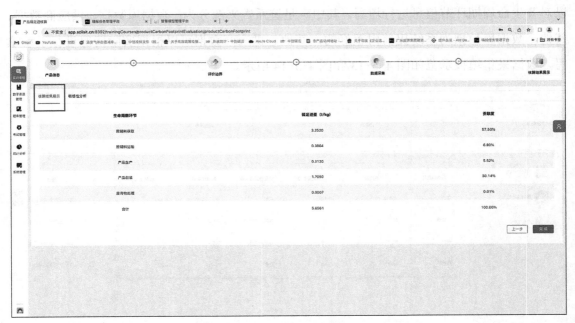

图 4-5-15　"核算结果展示"页面

例：根据案例实际情况填写完成后，核算结果如图 4-5-16 所示。

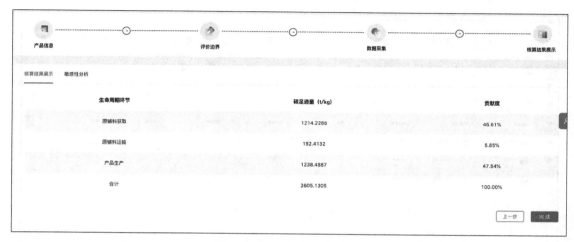

图 4-5-16　核算结果示范

5. 敏感性分析

用户单击"敏感性分析"tab 页按钮，设置各参数的变化率，可查看系统自动测算出原总碳足迹、减后总碳足迹、碳足迹差值和贡献度数据，"敏感性分析"页面如图 4-5-17 所示。

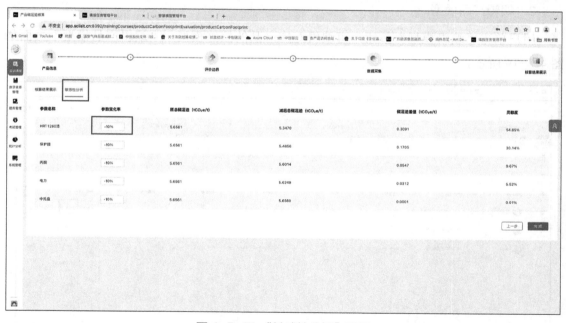

图 4-5-17　"敏感性分析"页面

三、碳足迹报告

1. 查看产品模型

用户单击"查看模型"按钮，可查看对应产品的核算模型，"查看产品模型"页面如图 4-5-18 所示。

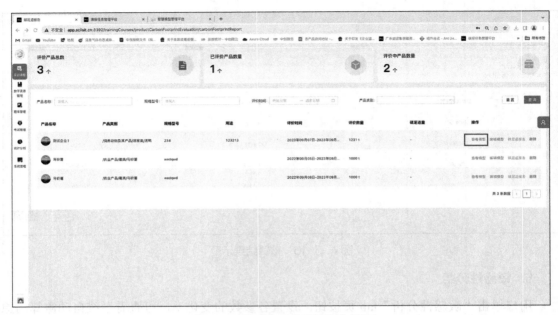

图 4-5-18 "查看产品模型"页面

2. 编辑产品模型

用户单击"编辑模型"按钮，可编辑对应产品的核算模型，"编辑产品模型"页面如图 4-5-19 所示。

图 4-5-19 "编辑产品模型"页面

3. 下载碳足迹报告

用户单击"碳足迹报告"按钮，可对系统生成的碳足迹报告进行下载查看，"下载碳足迹报告"页面如图 4-5-20 所示。

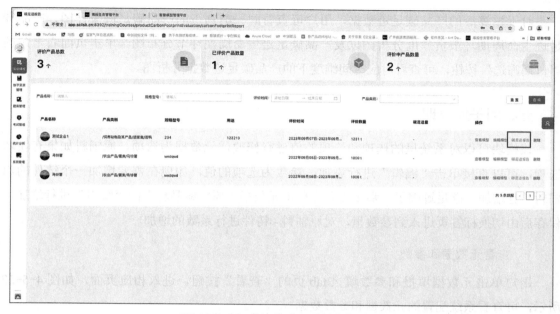

图 4-5-20 "下载碳足迹报告"页面

4. 删除产品模型

用户单击"删除"按钮，可对系统核算的产品模型进行删除操作，"删除产品模型"页面如图 4-5-21 所示。

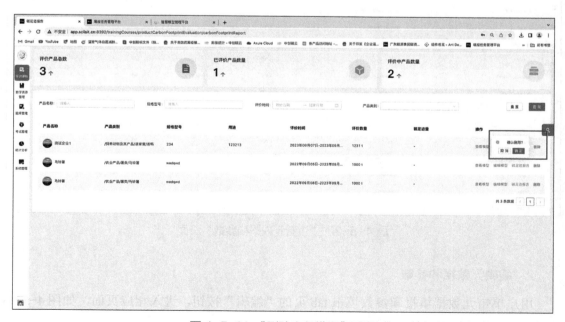

图 4-5-21 "删除产品模型"页面

四、结果分析

对于核算后的产品碳足迹数据，用户可查看同一类别下的产品碳足迹统计图、产品碳足迹生命周期环节贡献度分析图以及产品碳足迹生命周期环节分布图。单击页面右上角的"日期筛选"按钮，可查看对应时间维度下的产品碳足迹数据分析图。

五、因子库管理

该模块可以对系统里的选项和选项的值进行修改，元数据为选项，原辅料如果有新增选项，可以直接单击"编辑"进行添加；参数为选项的值，如现在需要增加一个铸件的原辅料并且增加其碳足迹因子，那么需要先单击元数据"原辅料品种"的"编辑"进行增加，保存后由切换标签页进入到参数里，对原辅料 - 铸件进行系数的增加。

1. 查看元数据和参数

用户单击元数据填报和参数填报 tab 页的"查看"按钮，进入相应页面，如图 4-5-22 所示，可查看系统配置的元数据和参数数据。

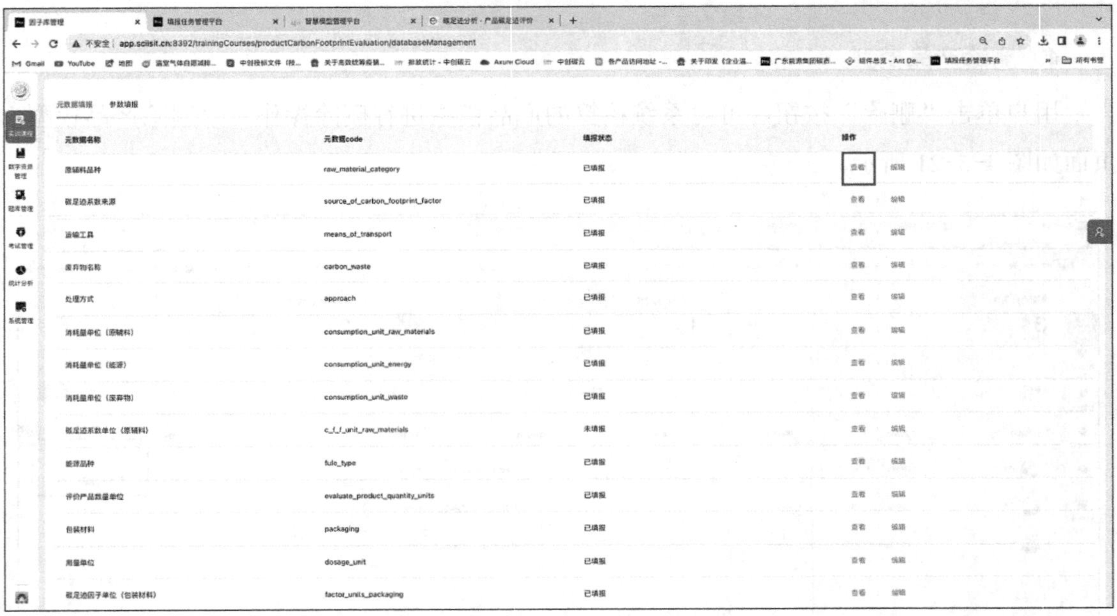

图 4-5-22 "查看元数据和参数"页面

2. 编辑元数据和参数

用户单击元数据填报和参数填报 tab 页的"编辑"按钮，进入相应页面，如图 4-5-23 所示，可修改系统配置的元数据和参数数据。

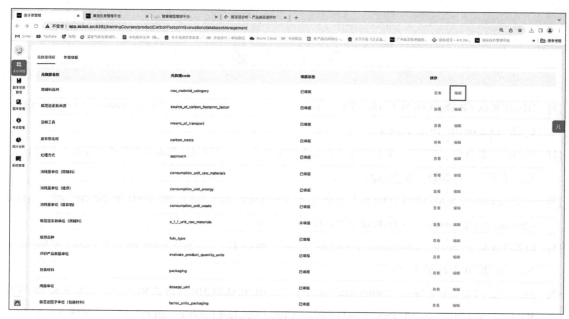

图 4-5-23　"编辑元数据和参数"页面

4.5.4　职业判断与业务操作

简要说明化工产品采用北京中创碳投科技有限公司开发的"碳足迹实训平台"进行碳足迹核算时需要在数据平台中设定的内容。

答：需要设定的内容包括：产品模型创建、产品碳足迹核算、碳足迹报告、结果分析等。产品模型创建用于提前设置好产品的生命周期环节，方便后续核算的时候直接引用。产品碳足迹核算时，通过设定产品信息、填写核算边界、填报相关数据，可以自动生成核算结果，并进行敏感性分析。碳足迹报告模块，可以查看、编辑产品模型和下载碳足迹报告。结果分析模块，可以实现产品碳足迹数据分析图查看等功能。

参 考 文 献

[1] HUNT R G, FRANKLIN W E, HUNT R G. LCA — How it came about [J]. The International Journal of Life Cycle Assessment, 1996, 1(1): 4-7.

[2] 王长波, 张力小, 庞明月. 生命周期评价方法研究综述——兼论混合生命周期评价的发展与应用 [J]. 自然资源学报, 2015, 30(7): 1232-1242.

[3] SUH S, LENZEN M, TRELOAR G J, et al. System boundary selection in life-cycle inventories using hybrid approaches [J]. Environ Sci Technol, 2004, 38(3): 657-664.

[4] LENZEN M. Errors in Conventional and Input-Output — based Life — Cycle Inventories [J]. Journal of Industrial Ecology, 2000, 4(4): 127-148.

[5] MATTILA T J. Use of Input–Output Analysis in LCA [M]//HAUSCHILD M Z, ROSENBAUM R K, OLSEN S I. Life Cycle Assessment: Theory and Practice. Cham; Springer International Publishing. 2018: 349-372.

[6] MATTILA T J, PAKARINEN S, SOKKA L. Quantifying the total environmental impacts of an industrial symbiosis - a comparison of process, hybrid and input-output life cycle assessment [J]. Environ Sci Technol, 2010, 44(11): 4309-4314.

[7] 王微, 林剑艺, 崔胜辉, 等. 碳足迹分析方法研究综述 [J]. 环境科学与技术, 2010, 33(7): 71-78.

[8] 张琦峰, 方恺, 徐明, 等. 基于投入产出分析的碳足迹研究进展 [J]. 自然资源学报, 2018, 33(4): 696-708.

[9] LAVE L B, COBAS-FLORES E, HENDRICKSON C T, et al. Using input-output analysis to estimate economy-wide discharges [J]. Environmental Science & Technology, 1995, 29(9): 420A-426A.

[10] 李楠. 产品碳足迹标准对比及其供应链上的影响研究 [D]. 北京: 北京林业大学, 2019.

[11] Wackernagel M. Our ecological footprint : reducing human impact on the earth[J]. Population & Environment, 1995, 1(3):171-174.

[12] 王谋, 吉治璇, 康文梅, 等. 欧盟"碳边境调节机制"要点、影响及应对 [J]. 中国人口·资源与环境, 2021, 31(12):45-52.

[13] 深圳市计量质量检测研究院. 国内外碳足迹标准现状研究报告 [R/OL]. 2022. https://www.sist.org.cn/fwzl/Biaozhun/szbzllyj/202302/P020230221455299318533.pdf.

[14] 王玉涛, 王丰川, 洪静兰, 等. 中国生命周期评价理论与实践研究进展及对策分析 [J]. 生态学报, 2016, 36(22): 7179-7184.

[15] Eggleston S, Buendia L, Miwa K, et al. 2006 IPCC guidelines for national greenhouse gas inventories[Z/OL]. IPCC, 2006. https://www.ipcc-nggip.iges.or.jp/public/2006gl/index.html.

[16] WBCSD, WRI. The GHG Protocol: Corporate Accounting and Reporting Standard [S/OL]. 2011. https://

ghgprotocol.org/sites/default/files/standards/ghg-protocol-revised.pdf.

[17]　Greenhouse gases Part 1: Specification with guidance at the organization level for quantification and reporting of greenhouse gas emissions and removals: ISO 14064-1: 2018 [S/OL]. 2018. https://www.iso.org/standard/66453.html.

[18]　Greenhouse gases Part 2: Specification with guidance at the project level for quantification, monitoring and reporting of greenhouse gas emission reductions or removal enhancements: ISO 14064-2: 2019 [S/OL]. 2019. https://www.iso.org/standard/66454.html.

[19]　Greenhouse gases Part 3: Specification with guidance for the verification and validation of greenhouse gas statements: ISO 14064-3: 2019 [S/OL]. 2019. https://www.iso.org/standard/66455.html.

[20]　British Standards Institution. Specification for the assessment of the life cycle greenhouse gas emissions of goods and services: PAS 2050: 2011 [S/OL]. 2011. https://knowledge.bsigroup.com/products/specification-for-the-assessment-of-the-life-cycle-greenhouse-gas-emissions-of-goods-and-services?version=standard.

[21]　Environmental management−Life cycle assessment−Principles and framework: ISO 14040: 2006 [S/OL]. 2006. https://www.iso.org/standard/37456.html.

[22]　Environmental management−Life cycle assessment−Requirements and guidelines: ISO 14044: 2006 [S/OL]. 2006. https://www.iso.org/standard/38498.html.

[23]　Environmental labels and declarations−Type III environmental declarations−Principles and procedures: ISO 14025: 2006 [S/OL]. 2006. https://www.iso.org/standard/38131.html.

[24]　Greenhouse gases−Carbon footprint of products−Requirements and guidelines for quantification: ISO 14067: 2018 [S/OL]. 2018. https://www.iso.org/standard/71206.html.

[25]　WBCSD, WRI. The GHG Protocol: The Product Life Cycle Accounting and Reporting Standard [S/OL]. 2011. https://ghgprotocol.org/sites/default/files/standards/Product-Life-Cycle-Accounting-Reporting-Standard_041613.pdf.

[26]　British Standards Institution. Specification for the assessment of greenhouse gas (GHG) emissions from the whole life cycle of textile products: PAS 2395: 2014 [S/OL]. 2014. https://knowledge.bsigroup.com/products/specification-for-the-assessment-of-greenhouse-gas-ghg-emissions-from-the-whole-life-cycle-of-textile-products?_gl=1*84mb9u*_gcl_au*NTMzMDc4MzcuMTcyMTM1NjE3Mw..*_ga*MTY1MTM4MTE2OC4xNzIxMzU2MTcz*_ga_RWDQ3VY9NQ*MTcyMTYxNzUwMi4zLjEuMTcyMTYxNzkwMS4wLjAuMA..&_ga=2.73246683.930356557.1721617901-1776129995.1721617901.

[27]　Carbon footprint for seafood−Product category rules (CFP−PCR) for finfish: ISO 22948:2020 [S/OL]. 2020. https://www.iso.org/standard/74228.html.

[28]　Graphic technology−Quantification and communication for calculating the carbon footprint of e-media: ISO 20294:2018 [S/OL]. 2018. https://www.iso.org/standard/67559.html.

[29]　国家标准化管理委员会. 环境管理　生命周期评价　原则与框架：GB/T 24040—2008[S]. 中国标准出

版社，2008.

[30] 国家标准化管理委员会. 环境管理 生命周期评价 要求与指南：GB/T 24044—2008 [S]. 中国标准出版社，2008.

[31] 国家标准化管理委员会. 环境标志和声明 Ⅲ型环境声明 原则和程序：GB/T 24025—2009 [S]. 中国标准出版社，2009.

[32] 中华人民共和国国家质量监督检验检疫总局，中国国家标准化管理委员会. 金属复合装饰板材生产生命周期评价技术规范（产品种类规则）：GB/T 29156—2012 [S]. 中国标准出版社，2012.

[33] 中华人民共和国国家质量监督检验检疫总局，中国国家标准化管理委员会. 浮法玻璃生产生命周期评价技术规范（产品种类规则）：GB/T 29157—2012 [S]. 中国标准出版社，2012.

[34] 中华人民共和国国家质量监督检验检疫总局，中国国家标准化管理委员会. 钢铁产品制造生命周期评价技术规范（产品种类规则）：GB/T 30052—2013 [S]. 中国标准出版社，2013.

[35] 国家市场监督管理总局，国家标准化管理委员会. 塑料生物基塑料的碳足迹和环境足迹 第1部分：通则：GB/T 41638.1—2022 [S]. 中国标准出版社，2022.

[36] 中国标准化研究院. 产品碳足迹 量化要求和指南：20230777-T-469 [Z/OL]. 2023. https://resource.chemlinked.com.cn/sustainability/articles/file/%E9%99%84%E4%BB%B6%E6%B8%A9%E5%AE%A4%E6%B0%94%E4%BD%93-%E4%BA%A7%E5%93%81%E7%A2%B3%E8%B6%B3%E8%BF%B9-%E9%87%8F%E5%8C%96%E8%A6%81%E6%B1%82%E5%92%8C%E6%8C%87%E5%8D%97%E5%BE%81%E6%B1%82%E6%84%8F%E8%A7%81%E7%A8%BF.pdf.

[37] 伍英武. 轮胎碳足迹分析与研究 [D]. 上海：上海师范大学，2013.

[38] 冯志亮. 废旧轮胎全生命周期碳足迹计算 [D]. 天津：河北工业大学，2022.